化学实验教学与环境保护

房 磊 著

中国商业出版社

图书在版编目 (CIP) 数据

化学实验教学与环境保护 / 房磊著 . 一北京：中
国商业出版社，2020. 11
ISBN 978-7-5208-1388-4

I. ①化 - II. ①房 .. III. ①化学实验 - 教学研究 -
中等专业学校 IV. ① G633. 82

中国版本图书馆 CIP 数据核字 (2020) 第 234027 号

责任编辑：于子豹　袁　娜

中国商业出版社出版发行

010–63180647　www.c-cbook.com

（100053　北京广安门内报国寺 1 号）

新华书店经销

福建省天一屏山印务有限公司印刷

★　★　★　★　★

787 毫米 × 1092 毫米　16 开　10 印张　160 千字

2020 年 11 月第 1 版　　2020 年 11 月第 1 次印刷

定价: 40.00 元

★　★　★　★

前　　言

现在的环境问题是我们人类面临的重大课题：大气污染已成为我们目前的第一大环境问题。比如每到冬天，我们的一些城市经常遭遇的雾霾天气。更有全球变暖、臭氧层破坏、淡水资源危机、能源短缺、垃圾成灾、有毒化学品污染等众多方面的问题。这些已经严重地威胁到人类生存。环境保护问题已经越来越为世界各国所重视，环保意识也成为当代人类文化素质的重要组成部分。环保工作的目标是满足人的基本健康需求，也就是确保人民群众能呼吸到清洁的空气、喝上干净的水、吃上放心的食品，在良好的生态环境下生产生活。作为化学教师，我们应寓环境保护教育于化学教学之中，培养学生的环保意识。

环境保护已成为新时代的主题，培养学生的环保意识，已成为新时代化学教师义不容辞的责任。我们应该在化学教学中积极、主动地对学生进行环境保护教育，保护人类共同的家园。事实证明，若我们在化学教学中融入环保意识，不仅能使学生的学习积极性增强，还可以提升学生学习化学的积极性，真正培养学生的环保意识。相信我们一起努力，碧水蓝天一定能得到很好的保护。

本书有两大特点值得一提：

第一，本书结构严谨，逻辑性强，主要研究探讨了化学实验教学和大学化学实验教学模式，为化学实验教学提供了理论依据。

第二，本书理论与实践紧密结合，对无机化学实验教学与环境保护、有机化学实验教学与环境保护以及化学实验室管理与环境保护进行了详细介绍，让学生对化学实验教学与环境保护有了更深入的了解。

笔者在撰写本书的过程中，借鉴了许多前人的研究成果，在此表示衷心的感谢。由于化学实验教学涉及范畴比较广，需要探索的层面比较深，笔者在撰写的过程中难免会存在一定的不足，对一些相关问题的研究不透彻，提出的学生化学实验教学与环境保护策略也有一定的局限性，在此恳请各位前辈和读者们批评指正。

目　　录

第一章　化学实验教学导论

第一节　化学实验探究教学的概念

一、化学实验探究教学的指导思想

化学实验探究教学是指把实验作为提出问题、探究问题的重要途径和手段，要求课堂教学尽可能用实验来展开，使学生亲自参与实验，引导学生根据实验事实或实验史实，运用实验方法论来探究物质的本质及其变化规律。

（一）强调学生的主体性

学生是化学实验探究教学的主体，要想有效地实施化学实验探究教学，就必须增强学生的主体意识，充分发挥他们的主观能动性。为此教师要注意激发和培养学生的实验探究兴趣，为学生提供更多的机会，让学生亲自动手进行探究，要通过问题启发、讨论启发等方式，引导学生开拓思维、大胆想象，使学生始终处于积极的探索之中。

（二）强调教学的探究性

科学教学的探究性是"作为探究的科学"和"作为探究的教学"两者相结合的必然产物。科学教学过程也应当看作一种探究过程。强调教学的探究性，是针对传统的注入式教学而言的。传统的科学教学，大量灌输的是已知的成果，而教科书只是记录了一系列的科学结论，学生的学习就是了解这些科学的成果和结论。至于这些科学成果与结论是怎样产生的，往往被忽视。

（三）强调三维目标的形成及在实验探究过程中的统一

学习科学知识与技能、经历科学过程掌握科学方法、获得情感态度与价值观方面的体验，是化学教学的重要目标，也是学生科学素养发展状况的重要标志。这三方面目标并不是对立与孤立的，而是统一的，使学生掌握科学方法和科学探究的过程，则是实现三者统一的关键。这一思想同科学教育的广域四目标："态度""过程""知识"和"技能"是完全一致的。

二、实验探究教学思想的起源和发展

(一) 我国教育史上探究教育思想的萌芽

1. 质疑问难，慎思明辨

所谓"质疑问难"，就是在学习过程中善于提出问题、分析问题。有疑才有自己深入思考、不断钻研的内心需要，有疑才有向人求教的动机。疑就是求知的心理反应，只有发现了疑难，才能开动脑筋，进行比较分析，或访求师友与之切磋，从而抛却常解，得出新的正确判断。学习过程实质上是围绕着"疑"来展开的，是"不疑"—"疑"—"不疑"的矛盾运动过程。在由无数不同层次的疑问贯穿起来的学习过程中，每一疑问的提出，都必定成为别开蹊径、追求新知的又一开端。第一疑问的解决，又却像螺旋上升一样，步步将人的思维和认识推向更新的境界。

"慎思"："慎"，谨慎；"思"，思考、思虑、思索、考虑，即是对学习的对象要慎重地思考，亦含有独立思考的意思。"明辨"："明"，含有光明、清明之意，如"明相推而先时辨"；"辨"有明察、判别之意，如"辨谓辨然于事分明，无有自惑也"。它与今天说的辨析基本相通。"明辨"是"思其当然"的，它的依据是已知的事实材料 (知识)，"慎思"则是运用推理的方法，"思其所以然"的，它并不完全依据事实材料 (知识)，而是"无凭据在"，是依据科学的思维方法去进行合理推论达到正确的认识。由此可见，当实验探究教学处于"质疑问难"的问题情境时，把"慎思"和"明辨"结合起来，借鉴于思考、分析、推理、判断，是科学性很强的探究性学习方法。

2. 自求自得，切磋琢磨

孟子主张在教学中要坚持"自求自得"。王阳明继承并发展了这一传统方法，主张独立思考，自求自得，他说："夫学贵得之心，求之于心而非也，虽其言之出于孔子，不敢以为是也，而况其未及孔子者乎？求之于心而是也，虽其言之出于庸常，不敢以为非也，而况其出于孔子者乎？"学习贵在独立思考，对某一言论，经过独立思考认定为谬误者，即使其出于孔子这样的"圣人"之口，也不能认为是真理；经过独立思考认定真理的，即使它出于常人之口，也不能认为它是谬误。他说："言之而是，虽异于己，乃益于己也；言之而非，虽同于己，适损于己也。益于己者，己必喜之，损于己者，己必恶之。"对于学术上的是非问题，不能以个人好恶决定取舍。凡属"是"的，即使与自己的观点不同，也必须放弃己见、欣然接受；凡属"非"的，即使与自己观点一致，也应修正错误，坚持抛弃。这种主张独立思考，反对迷信盲从的治学精神，以及对学术问题的客观态度，值得实验探究教学的"假设""佐证""结论""检验"的借鉴。

切磋琢磨，原指把玉石等制成器物的精细加工过程。关于学习中切磋琢磨的作用，古人早有论述："人之学问知能成就，犹骨象玉石切磋琢磨也。"只有经过"切磋琢磨"，才能达到"尽材成德"的境地。切磋琢磨的具体方法，主要包括有自我切磋和师友之间相互切磋，用王守仁的话说，叫作"自化"与"点化"。自我切磋，是指在学习过程中，发挥学习者自身的能动性，经过认真思索、反复推敲、细致琢磨、周密研究而获取知识的学习方法。自我切磋要求学习时随时注意联系自己的思想实际，"切己体察""内省"。相互切磋"独学而无友，则孤陋而寡闻。盖须切磋，相切明也。"古代学者提倡在师友之间相互切磋，不可"闭门读书，师心自是"，他们认为，一个人单独闭门苦思冥想，没有与师长或朋友一起商讨切磋，就会知识浅薄，思维呆滞；而师友之间互相切磋问难，不仅能解决疑难，丰富知识，而且可以纠正谬误，使所学的知识更确切。强调学习时与良师益友共同商讨、相互切磋，是我国古代一种优良的传统学习方法，也是今天学生探究学习过程中应具备的品质。

3. 效验有证，理在事中

怎样才能获得真正可靠的知识？先验论者倡言"思则得之，不思则不得也。"儒家思孟学派强调"思"是最重要的，他们忽视了感觉材料是基本的东西，连孔子说的"思而不学则殆"这句话，他们都忘记了。但是，从感觉材料开始，到理性思维之后所得到的知识，是否一定正确无误？这还须经事实的验证，在证明了这些知识的实际效果之后方可作出结论[①]。在这一问题上，王充提出关于检验知识正误的四字标准，即"效验"与"有证"。他说："凡论事者，违实不引效验，则虽甘义繁说，众不见信。"又说："事莫明于有效，论莫定于有证。"这就是说，认识和理论必须符合客观事实，必须通过实际效果来检验，凡是符合事实效果就是正确的，否则就是虚妄的。违背事实效果的思想理论，即使说得再动听，也是不可信服的。他主张，"引物事以验其言行"，即引用实际事物来证实人的言论和行动，这就是王充的"效验"与"有证"的学习方法。

清代学者戴震从"理在事中"和"理在欲中"提出学者要做的"强恕"功夫，不是克制人欲，而是要"使人之欲无不遂，人之情无不达"，是发展不偏的"情"与不私的"欲"。他要求学者做的"学"，不是要人"强记""死背"或"生吞活剥"，而是着重"自得之学"，他说："苟知学问犹饮食，则贵其自化，不贵其不化。记问之学，入而不化者也。""食而不化"的学习，不是真正的掌握"知识"，因而也说没有掌握"理"。只有把它与教育联系起来，通过"学问""达到"心知之明，进而"通情遂欲"，这正是"德性资于学问"，所以他说："惟人之知，小之能尽美丑之极致，大之能尽是非之极致。然后遂己之欲者，广之能遂人之欲，达己之情者，广之能达人之情。"为了很好地掌握知识，也就是获得"十分之见"，他认为，必须做到："必征之古而靡不条贯，合诸道而不留余议，巨细毕究，本末兼察。"这就是说，必须历史地、符合原则地、全面深入而系统地进行学习，才可能达到"十分之见"，为实验探究教学提供可借鉴的科学治学方法。

（二）我国现代实验探究教学思想的发展

科学探究可以运用实验、观察、调查、资料收集、阅读、讨论、辩论等多种方式进行，实验探究是科学探究的一种方式。实验探究的一个重要指导思想是以实验为基础，即探究活动通过实验来展开，把实验视为提出问题、探索问题的重要途径和手段，根据实验事实来得出探究结果。

化学实验探究教学是指在教师指导下，学生运用实验探究进行学习，

---

① 万平，周贤爵. 微型化学实验 [M]. 北京：中国石化出版社，2009：15-21.

主动获取知识、发展能力的实践活动。其目的在于让学生经历探究过程，获得有关的基础知识和基本技能，学习实验研究的方法，提高探究能力，培养学生的创新精神和实践能力。在活动中，知识与能力的获得主要不是依靠教师的强制性灌输，而是在教师的指导下，由学生主动探索、主动思考、亲身体验得到的。但由于在探究的内容、方式、方法和探究的程度等方面，都受到学生的知识基础、能力水平的制约，学生主体的这种不成熟性，决定了他们不能成为独立的探究主体，探究教学还需要在教师的组织引导下，有目的、有计划地来进行。由此可见，与以验证、被动操作为特征的传统学生实验相比，实验探究教学在教师观、学生观、学习观、评价观上均体现了独特的内涵。

三、化学实验探究模式教学改革

(一) 增加有探究价值的实验内容

实验是学生获取化学知识、验证化学理论并进行化学知识创新的重要手段。长期以来，实验仅仅作为证明教材和教师运用的工具，而忽视了实验的探究功能。化学实验应该满足学生发展科学探究能力的需要，有无探究价值是针对学生而言，如果问题过易，学生不需要怎么思考就能解决；如果问题过难，学生不管怎么思考也难以解决。这样的问题，对学生来说，就没有探究价值，或探究价值很小。实验内容有无探究价值，不仅要考虑学生的需要，还要考虑学生所在学校的基础条件。

(二) 灵活运用多种实验探究教学模式

例如在"人体吸入和呼出的气体有何不同？"的实验中，可以按照教师课前提出问题—学生查阅资料制订实验设计方案—课堂进行实际操作—收集整理实验现象或实验数据—分析实验现象得出实验结果—课后反思与评价这种探究模式。这种师生交流的探究模式，在教师的启发下逐步完成，小组合作效果显著，学生在各环节都能够积极思考，踊跃发言，使教学达到比较满意的结果。在"铁生锈原因"的实验中，可以按照创设情境—明确问题—提出假说—验证假说—得出结论—交流与应用的探究模式，模式中假说的形成要经过提出假说和验证假说两个阶段，实验检验是验证假说最直接、最可靠、最有力的方式。

(三) 化学实验类型的改革

一是合理分配演示实验和学生实验。这两类实验是根据化学教学中实验主体的不同而进行的一种人为划分，教师可根据所在学校和学生的实际情况来选择。二是演示实验向随堂实验转化。演示实验存在一定的问题：可见度小，教师是"演员"，而学生是"观众"，只是看热闹。如果让学生亲自动手做实验，可以使学生的角色发生变化，不但能掌握操作方法，还能使观察的现象更清晰，印象更深刻。三是将有些验证实验转变为探索性实验。验证性实验是先有结论，后有实验验证结论的准确性。即结论在前，实验在后，这种实验是被动的，要充分把握好两种实验在化学教学中的作用，将验证实验作为实验探究活动的表现形式之一，只有将两者紧密结合起来，才能发挥应有的作用。

(四) 运用现代多媒体技术辅助实验教学

随着信息技术与化学课程整合的发展，为了达到教学效果的最优化，对于一些现象不明显的实验，可以通过模拟将其放大；对于严重污染或存在危险的实验，可以利用多媒体加以解决；对于错误实验操作会导致严重后果的实验，也可以通过模拟起到引以为鉴的作用；对于反应速度很快或很慢和化工生产中的生产流程等实验都可以运用多媒体模拟实现。因此，计算机模拟实验在一定程度上提高了实验的成功率和教学效果。网络教学可以突破传统课堂的时空限制，进行远距离学习，大容量的网络资源库能引导学生对某一问题进行更深入地研究和讨论，发挥合作互助的作用，很好地体现教育的公平性，学生在整个过程中享有充分的自主权，处于中心位置，这有利于学生个性的形成，培养他们创新思维以及发现问题、提出问题和解决问题的能力。

化学实验在化学教学中具有非常重要的作用，针对目前创新型人才的培养模式，化学实验教学也要不断改革，转变实验教学方式，优化教学手段，从而激发学生的创新动机，培养学生分析问题和解决问题的能力。

第二节　化学实验教学的地位

一、化学实验教学的地位和意义

(一) 迎接知识经济时代挑战的需要

知识经济的核心支柱是人才。知识的生产、传播和转化依赖于人才，这是科学技术向生产力转化的中介，是科技与经济相结合的力量源泉。以知识经济为导向，及时有效地调整人才培养模式，改变传统教育观念，是提高人才培养质量、培养学生的创新能力和开拓精神的关键。实验教学以它独特的思变性、创造性和实践性，在培养学生创新精神和创新能力等方面发挥着重要作用。

(二) 素质教育的最有效途径

素质教育大体上概括为心理素质、品德素质、身体素质和智能素质等方面教育的有机结合，是人的全面发展的重要途径和手段。实验教学是在教师的指导下，师生共同创设问题情境，学生主动查阅有关资料文献，提出解决问题假设，设计多种验证实验方案，亲自动手操作实验，观察并记录实验现象和实验事实，通过对数据进行加工处理、分析、概括、推理、判断获得结论的教学过程。在这一教学过程中，创设问题情境、解决问题假设、实验现象分析推断等开发了学生的智力潜能，发展了学生的思维能力；提出解决问题的假设，设计验证实验方案，动手实验操作等培养了学生实践能力和创造能力；同学协助查阅资料，进行多种方案验证实验操作和观察记录等提高了学生心理素质，造就了学生健全人格。因此，实验教学是实施素质教育的最有效途径。

(三) 创造教育、创新教育的最重要举措

基础教育当务之急是要开展创新教育和创造教育。美国科学家马兹罗认为：创造力可分为两种，一种是特殊才能创造力，指经过长期研究，反复探索所产生的非凡的创造，如首创、突破、发现和发明等，这种创造力属于

科学家、发明家的创造力；另一种是自我实现创造力，这种创造力所解决的问题对社会或他人来说不是新的，而对自己来说却是新的，是前所未有的想法或对新事物的创造。创造教育、创新教育的核心实质是激发学生学习的兴趣和动机，开发挖掘学生大脑智力和潜能，训练和培养学生的创新精神与创造能力[①]。化学创造教育，重在培养学生自我实现创造力，如鼓励学生自己总结知识规律，独立提出新看法、解决新问题等。化学实验教学，主要是学生提出探究问题和解决问题假设，独立进行实验验证，获得结论与拓展等，这既训练了学生的创造思维能力和发明创造能力，又有效地培养了学生自我实现的创造力。因此，实验教学是开展创造教育和创新教育的重要举措。

（四）充分发挥化学学科教育功能的需要

化学教学过程就是"重演"化学科学认识活动的过程，只不过是一种缩略的大致重演罢了，主要是根据化学教学目标，经过精心设计、加工改造和组织的，使之成为典型化、简约化、快速化和最优化的化学认识过程：一方面是做些重演，但不能每一个定理、定律都要重演，而是在前人工作的基础上要有所发现、有所发明、有所创造，这就要进行一些探究性的实验。概言之，化学实验探究活动在全面实施科学教育的广义目的，即态度、过程、知识和技能中有着十分重要的作用，因此，应将化学教学中实验探究活动作为出发点。那种采取讲实验、画实验、背实验的教学方式或者仅仅是"做实验"是不可能实现上述科学教育的广义目的的。当前，在我国化学教学中，尤其应着重加强实验探究活动，即开展实验教学来对学生进行实验能力、科学方法和科学态度的训练，培养学生创造思维能力和创造发明能力，充分发挥实验教学在化学学科教学中的重要作用。

二、化学实验教学的功能作用

（一）化学实验的教育功能

实验教学对学生建立辩证唯物主义的世界观、实事求是的作风，以及

---

① 黄瓅. 新课程实施指导用书：化学新课程中微型实验探究活动的设计 [M]. 北京：化学工业出版社，2004：23−27.

热爱祖国、热爱科学、爱护公物的思想品质都有着潜移默化的教育效果。当学生走进整洁明亮的实验室，看到摆放得井井有条的仪器设备、严格的操作要求和管理制度的文字说明，以及挂在墙上的著名科学家的人像、生平及格言……这些都会在青少年心灵中留下深刻的印象。

科学态度是科学精神在人的心理和行为稳定倾向上的反映。科学态度基本上包括两个方面，即科学的态度和对待科学的态度。主要内容有探究的兴趣、尊重事实、尊重科学理论、客观、精确、虚心、信心、恒心、成就感、责任感、合作等，化学实验集中体现科学精神和态度，具有非常丰富的教育价值和内容。在实验教学中，从实验目的、实验内容、实验步骤，到实验现象的观察和分析、实验结果的解释，再到结论的得出和评价，都可以陶冶学生科学精神。

同时，在实验探究过程中，师生之间、学生之间的彼此交流与合作，更有益于培养学生对化学的好奇心、探究欲和科学兴趣。他们的辩证唯物主义物质观和科学态度的培养可落实到每节实验课中，由教师率先垂范、严格要求，让学生注意领悟、模仿和体会，点点滴滴、潜移默化，使他们形成受益终身的科学探究精神和科学态度。

(二) 化学实验的教学功能

科学态度是人们能够正确对待客观事物的一种持久的内在的反应倾向，是经过实践活动习得和养成的。科学家之所以能取得令人瞩目的成就，除他们具有常人所缺少的勤奋拼搏和优异才智以外，最基本的也是最重要的一点是他们为追求真理而勇于献身、严谨治学、实事求是、谦虚谨慎的态度，以及既独立思考、不盲从轻信，又团结协作、不追求名利的科学精神。科学家在丰富的科学研究实践的基础上，自觉或不自觉地运用猜测和想象，提出和建立假说，这是科学思维的过程，也是创新的探索过程。但是，这些猜测和想象以及由此建立的假说必须接受实践的检验，只有在严格的科学实验中证明了假说适用于各种情况，假说才可以上升到理论范畴。由此可见，"没有大胆的猜测就没有伟大的发现"（牛顿）。同时，重视理论与实践相结合，坚持实事求是、不唯书、不唯上的严谨的科学态度，是值得提倡和仿效的。

化学实验在化学新课程及其教学中的作用和地位，必然导致其教学功能的不断发展。化学是一门以实验为基础的学科，实验不仅是化学学科的重要内容，也是化学学习与研究的主要方法，在新课程改革大力倡导探究式学习的背景下，化学实验更成为实现教与学方式改变的不可或缺的重要途径。学生学习化学知识的过程可归结为知识的定向选择、理解领会、记忆吸收和作业反馈的过程，即选择、领会、习得和巩固四个阶段，在学习化学知识的这四个阶段中，化学实验起到了不可替代的重要作用。在实验教学中要求学生务必做到：①做好实验预习，明确实验目标和实验步骤，防止实验时心中无数，手忙脚乱；②严肃认真，遵循科学的操作程序，按照规范化的操作要求进行每次实验操作；③耐心、细致、全面地观察实验现象，充分尊重实验事实，如实记录实验结果；④严格遵守实验室各项规章制度。

化学实验的能力只能在化学实验中逐渐形成。因此要珍惜和充分利用化学实验的机会，认真开展化学实验，为学生进行化学实验提供更多机会，不断提高实验教学质量。在教师开展化学实验过程中，要努力使化学实验具有一定的系统性、连续性和规划性，形成科学合理的化学实验序列结构，并且注意采用探索性实验。因为探索性实验与验证性实验相比，更有利于培养和发挥学生的学习主动性和积极性、独立性和创造性，更利于他们对实验方法的整体把握，形成并发展化学实验能力。

第三节　化学实验教学的要求

一、加强计划性，明确目的性

实验教学是整个化学教学的有机组成部分，是为完成既定的教学任务而进行的教学活动，是化学教学的基础。

实验教学应根据大纲要求，制订实验教学的学年计划（或学期计划）、单元计划、课时计划，使整个化学实验教学统筹兼顾、全面安排，有明确的目的性、计划性，并能按部就班地进行。每个实验应该有它明确的目的要求，计划性要服从于目的性。教师要根据教材内容来确定实验的目的要求，即应明确通过实验要解决哪些问题，应该突出哪些实验现象，重点示范哪些操作，培养学生哪些技能，发展学生哪些能力，如何启发学生积极思维，得出什么结论，等等。不但教师要做到心中有数，还要使学生明确这些的要求，以激发学生观察实验的兴趣、思考问题的积极性。教师应克服困难，创造条件，努力完成大纲中规定的实验教学任务。

二、精心准备，万无一失

教师精心做好实验前的准备工作，保证实验教学质量，既是丰富自己教学经验的有效途径，又是严肃认真的科学态度的具体体现。如果实验前准备工作不充分，或是忽视细节物品的准备，实验时就会忙乱。如果教师实验操作不规范，或操作产生错误，不仅会导致实验失败，还会对学生产生不良影响。因此认真做好实验前的准备工作，是实验教学的重要环节。

首先是教学目的要明确，本实验在本章本节教材中应占怎样的地位，应达到什么样的实验目的，用到哪些已学过的知识，实验进行中讲解哪些知识，为今后承上启下的学习应当埋下怎样的伏笔，教师必须有所准备。

其次是实验所需物品准备要充分。例如，仪器必须事先洗涤干净，有些实验用品可准备两套，易损耗的物品要适当多准备些。由实验人员准备的实验用品，教师也要一一仔细检查，做到精益求精，以防万一有遗漏，影响实验的正常进行而造成被动。

准备工作不能临渴掘井，在学期开始前就应着手做全学期的计划，对照实验教材要检查仪器药品的库存量，如有不足，应提前购买，代用仪器也要事先准备。

在上课前要做预实验以保证课堂实验的成功，对于可以用几种不同的方法进行的实验，究竟采用哪种方法好，应从预期的目的要求考虑，当然要选用现象明显，装置简单的方法，只有实验现象明显，才能使学生印象深刻。

选用的仪器，大小要适宜，比例要恰当，装置力求简单。要突出核心部分，便于学生观察。总之，为了保证演示实验和学生实验的成功，教师必须要精心设计，对实验的方法、药品的选用、实验条件的控制和时间的掌握都要做到心中有数。

操作规范，实验所用的仪器要整洁，装置要合理美观，教师操作必须规范化，一切动作要协调、准确，向学生做出示范。化学实验教学对学生来说是接受教育，通过教师的示范，要掌握正确的实验技能，养成良好的实验习惯，培养严肃认真的科学态度和一丝不苟的严谨作风。

三、掌握时间，注意安全

一堂课的时间有限，既要安排好实验，又要进行其他教学环节。所以一定要掌握好实验所占用的时间，这就要求教师做好充分的准备。即使有些实验准备的时间较长，但进行实验的时间并不长，同样需要做好准备。

演示实验效果或测得的数据必须实事求是，不能有任何虚假，这是一切科学实验工作者必须遵循的基本原则。即使实验失败，也不可更改实验结果，更不能用不适当的方法硬凑结论，而应当向学生说明失败的原因后重做一次，或在适当时候补做，务必求得正确的结果[①]。实验中，要始终注意实验的安全，做到安全无误，千万不能麻痹大意，特别是做易燃、易爆或有毒气体的实验，要严格操作规程，预防意外事故的发生。

四、创造条件，开全实验

要克服困难，创造条件，开全各种类型的实验，如课本选取的演示实验、学生分组实验、边讲边实验、实验习题课、实验复习课、家庭实验作业、化学实验课外活动等要努力开全。根据需要还可适当调换、补充实验，尽力使学生能进行独立实验。

五、及时总结，强化效果

做过的实验，教师应要求学生及时总结，以加深理解，教师在实验中的经验教训也应及时总结，以改进实验教学，提高化学实验课的教学质量。

第四节　化学实验教学的形式

大学化学实验按实验的形式可分为演示实验、边讲边实验、学生实验、

---

① 沈戮. 高中化学微型实验 [M]. 广州：暨南大学出版社，2014：32-39.

实验报告和实验习题五种形式。

一、演示实验

演示实验是加强直观教学，提高学生观察能力、思维能力和实验技能的重要手段。它既可使学生获得丰富的感性材料，加深对事物、现象的印象，又能使学生形成深刻正确的概念，确信所学的各种原理、法则的正确性，还可激发学生的学习兴趣，提高他们学习的积极性、主动性和创造性。

(一) 演示实验的分类

1. 趣味性演示实验

学习的最好动力，便是对所学知识内容产生兴趣。在讲序言 (绪论) 课和单元起始课时，教师做一些以培养兴趣为主要目的的演示实验，对唤起学生的好奇心、求知欲，集中其注意力，激发其想象力不无裨益。设计这类实验时，一是要紧紧联系本节课或本单元的教学内容，为实验教学目的服务；二是实验现象要清晰、鲜明、有趣，能使学生立即产生好奇和疑问，活跃思维，从而较好地导入新课。

2. 说明性演示实验

为说明或解释某一理论、原理或规律，进行的演示实验，以增强学生的感知和理解。设计这类实验，既要注意简便，使学生易看懂，又应配以精练的解说词，边演示边解说或演示与解说相间进行。它主要是教会学生如何验证已学知识与理论，其步骤是：一是简要向学生说明实验目的、观察重点及有关操作注意事项；二是做好演示，让学生全面、准确感知实验现象；三是引导学生分析实验现象，从一般到特殊，从宏观到微观，从现象到本质，从具体到抽象，以形成概念、加深认识、抓住要领、掌握实质。

3. 制备性演示实验

这类实验不仅需要学生掌握原理，还要掌握实验装置特点、操作要领和注意事项，强调实验的规范性和安全性，同时注意引导学生研究实验装置的选择。

4. 对比性演示实验

在讲述某些理论知识的异同时，宜设计一些对比性演示实验。一般可按"对比实验→设问讨论→得出新知"程序进行，关键是抓住新旧知识的连接点设置寻求异同的讨论题。

5. 释疑性演示实验

在实验教学中，特别应针对学生存在的普遍性疑难问题，设计一些释疑性演示实验。一般可采取"问题→讨论→实验→再讨论"程序进行，尽可能让学生自由发表意见，自得结论。

6. 程序性演示实验

对一些复杂的知识理论或实验，可设计程序实验。对此，一般可采取"分步实验→对比讨论→归纳贯穿"的程序，最后积零为整，形成完整、系统的知识链。

7. 探索性演示实验

根据学生的认识能力，可把一些验证性实验改为探索性实验，这既能启迪和激发学生的积极思维，又有利于培养其探索精神。对此，可采取"提出问题→设计方案→实验探究→讨论总结"的程序①。

随着科学技术的发展，演示手段和种类日益繁多。根据演示材料的不同，可分为实物演示、图片演示、操作演示、实验演示、电化演示等。以演示内容和要求不同，可分为事物现象的演示和以形象化手段呈现事物内部情况及变化过程的演示等。

(二) 妥善地选择演示实验

在下列情况下宜做演示实验：学生初次接触实验时，要通过演示实验教会他们正确地使用和安装仪器的方法、正确的操作方法（包括药品的取用和存放）。在操作过程中，配合必要的讲解，教师要正确无误地做好示范。

如果实验较复杂，或是学生还没有掌握这一类实验的操作技能，或是仪器设备还不能满足学生实验的要求，也应当用演示实验的方法来进行；有些在学生操作技能不熟练时有危险的实验，应由教师来演示，以确保实验的安全和教学效果；有些实验虽然不是很复杂，操作也并不困难、学生可以做好，但为了让学生更清楚地看到这些化学现象的特征、有利于认识这些物质

---

① 于涛. 微型无机化学实验 [M]. 北京：北京理工大学出版社，2011：6-15.

的性质，便于教师分析讲解，就应由教师来进行演示。演示时，试剂用量可稍多一些，使实验效果更加明显。

演示实验的对象是学生，应使全班学生都能看清楚。较复杂的实验装置应该告诉学生各部件的名称，然后再介绍各部分装置的性能、作用及其相互连接方法，学校化学教材中编入的演示实验，教师应当尽量创造条件去完成。根据教学内容、学生实际和各学校实验设备条件，也可以适当增加或更换一些演示实验。此外，在选择演示实验时，还要考虑到有利于突出教学内容的重点、讲清难点以及符合必要、直观、简单、安全、可靠等基本条件。

(三) 做好演示实验的要求

要做好演示实验，教师必须事先做好充分的准备工作。演示的目的、要求必须明确。演示实验必须选择最重要、现象最明显的内容，演示前要检查复习一下有关的基本知识，并由教师做适当的补充，力求先掌握理论再做实验，以达到理论联系实际，实践检验理论，使实验起到加深巩固理论的目的。同时，要引导学生集中注意力观察实验的关键部分。另外，要检验好仪器装置是否正确无误、安全妥当。不规范的玻璃管、大小不相称的仪器和部件都会给学生留下不良的印象，不利于培养学生的审美观点。

实验用品的检查。试剂是否失效，溶液浓度是否适当，用品是否齐全，有些细小的用品如玻璃棒、滤纸、火柴、药匙等都要准备好，以免演示时因配件不全而手忙脚乱。有条件的要多准备一套或多准备随时应用的物品，以备上课时遇到特殊情况应急使用。

演示实验必须预做实验。教师在准备演示实验时，预做几次是有必要的，这可以更有把握地进行课堂教学，还可以观察一下实验的效果是否良好、实验时间是否适宜，预计可能出现问题的原因，发现问题可及时改进。

注意清洁美观。演示桌上仪器和试剂的放置位置，既要整齐、美观，又要便于操作，这样可以培养学生整洁、有条理的良好习惯，同时又不妨碍学生视线。介绍仪器一般选主要的，辅助仪器一般不做介绍。

在实验的过程中，要适当地提出一些启发性问题，引导学生正确地进行观察和思考，以培养学生的观察能力和思维能力。一切操作，必须严格操作规程，以免给学生造成不良影响。

演示实验必须随时注意安全。要对学生进行安全和爱护公物的教育，无论在仪器的安装、实验操作以及药品的用量等方面都要有明确的要求，任何不幸事故的发生和药品的浪费，教师都负有很大的责任。

演示实验完毕后，教师要引导学生把演示时所观察到的现象进行分析、比较、综合，最后得出正确的结论。教师不要代替学生来完成任何一项实验任务，以免失去培养学生进行独立思考作出结论的机会，这一点从教学法的观点来看是非常重要的。

演示实验是非常直观非常重要的教学手段，有的教师把其归纳为五点要求：必须成功；保证安全；注意直观；注重示范；简易快速。还有的教师总结为十二点要求：安全第一；百发百中；准确迅速；装置简易；现象明显；便于观察；简单明快；容易理解；事后存放；钻研改进；用料经济；清洁整齐。这些要求，对广大教师开展实验教学具有指导意义。

演示实验要先实验后讲解，这种方式符合由具体到抽象的认识过程，能激发学生学习的积极性。这要做到以下几点：使学生学会正确细微地观察现象，通过观察现象，启发学生的思维活动，揭示物质本质与外观现象的因果关系，引导学生由感性认识提高到理性认识；运用对比演示实验，根据物质及其变化的异同，找出物质变化的规律及其特征。提出问题引起争论，用实验事实加以验证，得出结论。教师正确的操作方法和科学态度，至关重要。这种方式主要在于以感性经验支持抽象的思维，并能保持学生的注意力，可以随时对实验中出现的现象、问题讲解清楚，使学生容易接受。先讲解后实验的这种方式能让讲解具体化，加深学生对化学反应原理的理解。有些不易被学生注意到或看不清的实验，在演示前应当交代清楚再进行操作。实验装置比较复杂、反应时间较长的实验，可以先讲清实验装置和所进行的反应，然后再用实验加以验证。

总之，应当根据教材的内容、实验类型、学生特点来决定采用哪种方式。一般是简明易懂或学生感性认识不足的问题，应当先演示。比较复杂，学生不熟悉的实验可先讲解，介于两者之间的可采用边讲边实验。

二、边讲边实验

边讲边实验一般是在讲授新教材时，在教师的带领和指导下，结合讲解师生共同进行的实验，是教师边授课边指导学生实验的一种形式。

边讲边实验的内容是根据所讲教材确定的。一般应是比较简单、安全，需要时间较少，操作也比较容易，成功把握比较大，绝大多数学生能独立完成的实验，或用演示实验全班学生不能都看清楚的实验。这种实验在教师的带领和指导下，学生亲自动手操作，可以有效地调动学生的学习积极性，也使他们对物质及其变化的认识更为具体清楚，印象更深，因而有利于学生对概念和理论的理解，还能使学生熟练掌握一些实验的基本操作技巧，并能培养他们观察、分析、综合等能力以及独立工作、自觉遵守纪律、爱护公共财物等品质。实践证明边讲边实验，对提高化学教学质量具有重要作用，进行边讲边实验时应注意以下几点：课前的准备和检查工作要特别细心。因为边讲边实验的准备工作稍有疏忽，如仪器不干净，试剂失效或浓度不当等，就会造成被动，使全班的实验无法进行，对学生思想也会造成不好的影响；实验的目的要求要明确。在什么时候做，做哪些，怎样做，注意什么问题，观察什么，达到什么样的效果等，教师都要心中有数；进行实验时，对仪器药品的使用，操作步骤，反应条件等都必须交代清楚。最初有些实验可由教师先做给学生看，然后让学生按照教师所做的示范进行实验，必要时还可分步进行；做好组织工作，注意课堂纪律。把学生的注意力引导到认真操作、细心观察、积极思考上，二三人一组时，应要求学生轮流操作，教师要注意学生的实验情况，及时给予帮助。实验完后可指定学生说出实验现象及实验结果，然后进行讲解，以充分发挥边讲边实验的作用。

三、学生实验

学生实验是在教师的指导下，按教材上规定的实验内容和实验步骤，由学生自己动手完成的实验(也叫实验作业)。

(一) 选择和划分学生实验的一般标准

根据下列原则选定的学生实验，因时间、实验用品、设备或其他原因确有完成困难的，可以改成演示实验。

(1) 与化学基础知识有密切的联系。

(2) 有利于培养学生的能力和技能。

（3）操作简单，实验安全。

（4）现象明显，便于学生观察。

（5）有利于知识的理解和巩固。

（二）学生实验的教学要求

教师要先明确实验目的和要求，重视实验条件控制的研究，并做好充分的准备（包括理论知识和实验用品的准备）。

教师要检查了解学生的准备情况，明确不经预习不得动手做实验。要求通过预习掌握实验要领，了解实验步骤和方法，做到心中有数，减少盲目性和实验的形式主义。要求学生不仅要知道做什么和怎样做，还要知道为什么要这样做。

实验项目和内容要写在黑板上，对重点内容、注意事项、思考题等应特别列出，这会对学生起到提示和引起注意的作用。上课开始时，教师要做必要的提问，以检查预习和准备情况，并做简短讲述，强调实验目的要求和关键操作方法。某些难度大又是学生第一次遇到的实验，教师可以示范操作。

加强课堂管理和培养良好的习惯。学生实验的课堂秩序较难维持，实验过程中教师要巡视指导，既要照顾全体又要加强对个别学生的重点指导，发现问题及时解决，普遍问题要在实验结束时向全班讲评，褒优抑劣，培养严肃的科学态度和良好作风。指导和要求学生根据实验要求如实做好记录，为写实验报告做好准备。实验结束后，要组织学生洗刷仪器，保持实验台整洁，教育学生要养成良好的工作作风和实验习惯。最后要进行实验总结和讲评，教师要认真细致地批阅实验报告，并及时进行总结。

四、实验报告

实验完毕后，要求学生认真填写实验报告，强调每人独立完成，不能由实验小组集体编写。明确实验报告是实验考核的部分。实验报告的形式，可以不同，但必须做到叙述清楚，结论明确，文字简练，书写工整，借以训练学生的逻辑思维能力和表达能力。

(一) 普通实验报告

物质制备实验、基本操作实验、物质性质实验等实验报告全部采用标准格式。

(二) 实验报告册

针对现行教材中实验的具体内容，要根据实验目的和要求以及培养能力的需要，由教师设计好每个实验报告的内容和要求，由学生实验后进行填写，这样可以抓住重点，省时而且方便批改。目前已有学校和地区试行了实验报告册。

五、实验习题

实验习题是学生综合运用自己所学的化学知识和化学实验技能，采用化学实验方法来解答或解决问题的一类化学习题。实验习题给学生提出了题目，而没有提供像学生实验那样现成的实验教材，这就要求学生在实验之前要独立思考，研究探索解答问题的途径，制订出解答习题的实验方案。因此，实验习题既是化学教学上一种特殊形式的习题，又是一种要求较高的实验。它是把实验技能同巩固加深对化学知识的理解和掌握融合起来的实验与习题的统一体。它对学生理解知识，培养实验能力，进行独立思考是很有成效的。

实验习题是最富有活力的、最有效的激发学生主动探究的一种学习形式。学生的学习活动要以实验为中心展开。因此，要求考虑问题更仔细、更完整，以利于实验的成功。实验习题的优点是验证式实验难以比拟的。

这种实验形式应注意以下几点：为确保实验安全，实验操作方案应经教师审阅批准后方可实施；对实验方案中选用的仪器、药品难以满足要求或缺乏实验配件时，应当动员学生改变方案；在实验过程中，教师应心中有数地巡回检查。

为了上好实验习题课，在平时教学中还应强调下列几点：在演示实验时，应抓住一个典型，剖析一个实验，讲清实验原理，指出设计这类实验的条件和要求；讲清选用仪器的原则。一般是根据反应物和生成物的性质，反应条件和反应速度几个方面来选择仪器；讲清化学药品的特性，以便于做好药品的选用，使设计的实验方案更合理。

第五节　实验教学与培养能力

教学的第一要义是为了学生，同其他教学一样，在化学实验的教学过程中，学生处于主体地位，教师起主导作用，即通过教师的引导，调动学生内在的积极因素，使其自觉主动地参与到教学活动。

实验教学大体可以分为以下三个环节：

第一，教师指导学生观察实验，这是实验教学中培养学生观察能力的首要环节，是学生获得感知，进行思考的基础。

第二，教师指导学生分析、研究实验，是培养学生操作能力、思维能力必不可少的步骤。

第三，教师指导学生应用实验，教会学生应用实验解答化学中的实际问题，在应用实验中培养他们的创造能力，这是实验教学的根本目的，也是学生学习化学，从事化学研究的根本目的。

实验教学是一套完整的教学体系。它的三个环节是实验教学不能分割的组成部分。在实验教学中，把教师的主导作用和学生的主动性结合在研究实验的活动中，把教师循循善诱的指导和学生认真观察、主动操作、积极思维结合起来；把实验教学过程同培养学生的观察能力、实验操作能力、思维能力、创造能力密切地结合起来，这样就能够充分发挥实验教学的教育作用，有效地提高化学实验教学的质量。

一、学生能力发展的重要性

首先，作为一名学生，只有自身能力足够强，才能在学校获得更好的成长，将来步入社会，才能适应现实社会的需要，找到自己的立足之地。往小说就是实现自己的梦想，过自己向往的生活；往大说就是为中国特色社会主义、和谐社会的发展贡献自己的一份力量。不管如何，学生自身能力的发展都是为自身以后的发展铺路。

其次，随着社会主义核心价值观的贯彻，教育制度深化改革，全球经济快速发展，全社会对人才的需求越来越迫切，国家的建设与发展离不开高素质人才，只有那些全面发展而且具备各方面能力的人，才能推动国家科学技术的创新，为国家的发展贡献自己的力量。

二、观察能力的培养

观察是人类通过感觉器官和科学仪器，感受外部客观事物的性质和变化规律，形成信息，流传给大脑，逐步形成对外部事物与现象的印象，进而了解各种现象与事物本质之间的关系。观察是有意知觉的高级形式，良好的观察能力能表现出目的性、选择性、整体性、精确性以及客观性等优良品质。观察是思维的起点，是发现问题，认识事物，获取知识的源泉；是发展智力，培养能力的基础。

(一) 兴趣观察和目的性观察

1. 兴趣观察

多数学生对化学实验颇有兴趣，当看到鲜明、生动、不平常的现象时就会感到非常开心，能够积极主动地描述印象深刻的实验现象，这种观察与感受是自发的，属于好奇心驱使所致，所以这种兴趣观察无须培养。但是化学教学的目的不是让学生满足于感知客观事物，而是要激发学生探究现象背后原因的兴趣，所以目的性观察更为重要。

2. 目的性观察

目的性观察就是要求学生明确实验目的，对每个操作过程和每次出现的化学现象都要有明确的观察目的[①]。在化学实验教学中，一般要求学生观察的主要内容包括实验装置、实验操作和实验现象。实验现象又是观察的重点和难点。如果学生没有形成明确的观察目的，就不能集中精神观察到重要的知识信息，难以在脑海中留下持久、完整、深刻的印象和概念，实验教学也就失去了意义。

---

① 孟长功. 基础化学实验 [M]. 北京：高等教育出版社，2009: 17–24.

(二) 观察的内容和方法

在大学化学实验教学中，观察的内容有四种：实验装置、化学试剂及反应产物、实验操作和实验现象。

1. 对实验装置的观察

对实验装置的观察，可遵循从整体到部分，从部分到整体，从外部到内部的原则。从"整体到部分"就是对每套实验装置由哪几个部分组成先有个整体的了解。"从部分到整体"就是各部分是由哪些仪器组成的，又是怎样连接在一起的。"从外部到内部"是了解每件仪器的外形和内部结构。

2. 对化学试剂及反应产物的观察

对化学实验中所用的化学试剂及反应物的观察，是指用感觉器官去感知所用试剂及产物的色、态、嗅、溶解度、挥发性、密度、熔点、沸点等，这其中最主要的是观察其色、态、嗅。

3. 对实验操作的观察

教师示范操作，配以适当的分析和讲述，引导学生对实验操作进行观察，这是培养学生操作能力的前提。教师不能只顾自己操作而忽视引导学生观察。

对实验操作的观察既包括对单项操作的观察，也包括对实验步骤的观察。对整个实验过程中每个操作步骤的观察，包括实验仪器的安装和连接（一般是从左到右，从上到下）、气密性的检查、试剂添加的先后和数量等。操作步骤最为重要，有时甚至是实验成败的关键。

4. 对实验现象的观察

在培养学生的观察能力中，正确地观察实验现象是重点也是难点，因为只有正确地观察实验现象，才有可能得出正确的实验结论，巩固所学的化学知识，这是进行化学实验的目的。

(三) 观察与思维相互渗透

思源于疑，因疑问而思，学生的思维就是从需要解疑的迫切性开始的，教师巧妙的设问，是正确思维的引发剂，提高学生深刻敏捷的思维能力是教学的目的。在实验教学中，教师应精心考虑，巧设疑问，留下悬念，引导学生观察实验现象，做到利用实验以观生疑，以趣激疑，以疑导思。通过分析解疑，以思带动知、智、能的发展。观察是思维的触角，疑问是思维的动力，趣味是思维的催化剂。思维是以已有知识为中介，以实验活动为基础，对客观现实的对象和现象的间接反映，是人的认识活动的核心，思维能力是认识能力即智力的核心。因此，观察本身就是有思维活动参加的感知过程，教师质疑引导学生带着问题观察，使学生的观察有明确的目的性、方向性，使学生总是在质疑、解疑的矛盾中经受锻炼，不断前进。这种疑问的矛盾来自对实验现象的观察和认识过程。教师围绕教学目的，不断地揭示矛盾，提出疑问进行引导，学生不断地发现矛盾形成悬念，分析解决矛盾，这就是激发思维。在激发思维的过程中，教师发挥了主导作用，达到了启发教学的目的；深思的过程中则体现了学生的主体地位。只有两者统一起来，才能完成学习任务。

教师向学生提出的质疑必须经过认真周密的考虑，质疑要恰如其分，否则会启而不发，收不到应有的效果。如问题太易，则无须思维；问题过小，则会限制思维。此外提问不够明确，则易形成思维的障碍。要保证所提的问题能引导学生始终处于主动思索之中，其关键是教师必须从学生已有的知识体系中找准问题的突破点，精心设计启迪性较强的问题，引导学生对实验进行思维性观察，使观察与思维相互渗透，通过思维活动把观察得到的感性知识产生飞跃形成概念和理论，进而达到发展思维能力的目的。

提高学生观察效果，使学生明确观察的目的意义，并明白观察既是掌握感性知识的重要途径，又是掌握理性知识的必要条件，是科学研究的一种方法。这是产生自觉观察的动力源泉。

要使学生明确，对于同一事物的观察由于目的不同，观察的方法和角度不同，结果往往也不同。盲目的观察在教学上是不允许的。每个实验都要有明确的观察目的，实验前，应该观察什么，不该观察什么，是定性观察还是定量观察，是重复观察还是综合观察，是静态观察还是动态观察，都必须向学生讲清楚，只有这样才能把学生的注意力集中到应该观察的对象上。

结合具体实验进行观察能力的训练，是贯穿于实验教学全过程的。教师对培养学生观察能力要有一个切实可行的通盘计划，演示实验开始前，教师应根据教学要求提出学生观察什么和怎样观察，以增强观察的目的性、准确性。并让学生随着教师的操作把观察到的现象记录在笔记本上。一般提到观察往往易想到只是用视觉观察，诚然，这是学生实验中的主要观察形式，但也不排斥其他感官对气味、冷热、声响等的观察。不仅如此，观察还应借助于必要的仪器设备，解决人体感官的局限性，以扩大感知的广度和深度，如显微镜、放大镜等。应根据不同实验的不同要求做好必要的器材准备，以辅助观察。

（四）要做到客观观察

因为人们时常有意无意地采取对自己最方便的做法去从事某一观察活动。因而往往带有一定的偏见（不注意观察的客观性）。教师应当采取实事求是的科学态度，引导学生对事物进行周密、细致和系统的观察与分析，这是科学观察的基本原则，即观察的客观性。

（五）要善于掌握现象发生的各种条件

条件是发生现象的外部因素，化学反应是在客观条件下进行的（条件通过物质本质属性起作用），所以为深入研究现象的本质，掌握和控制各种条件是很重要的。在引导学生观察时必须要注意到这些外部条件对实验现象的影响。

（六）善于归类，找出规律

经过训练，在学生初步掌握观察方法和积累一些实验事实之后，要引导学生对实验操作、实验装置等进行归类、寻找规律，同时达到复习知识、强化记忆的目的，并要求他们进一步学会自己制订观察计划，逐步提高观察质量。教师要引导学生学会善于观察那些不明显但又很重要的现象，善于发现并解释一些反常现象，从而向观察的更高层次发展。

三、实验操作技能的培养

实验教学，既是培养学生验证已学理论知识和提高探索与研究能力的重要方式，又是练习实验技能和增强动手能力的主要途径。培养学生的实验操作能力，不但教师要明确它的重要性，而且也要让学生知道它的重要意义，只有师生共同努力，才能培养出具有较强实验操作能力的学生，培养出具有较强社会实践能力的高质量学生。通过实验教学，不仅使学生学会使用本学科常用的仪器仪表，还可使其掌握本专业常用的实验操作方法。实验操作技能，既是实验教学的基本要求，又是完成实验的基本保证。所以，在进行实验教学时，应注意从多方面培养学生的操作技能和职业素质。

（一）联系实际，讲演结合

教师在进行实验演示时，必须把复杂的操作动作分解成若干简单的操作动作，细致地做给学生看；同时，联系生产实际或日常生活中的事例进行讲解。当演示到关键处时，要停下来讲清"为何这样操作"，以使学生留下较深刻的印象，掌握其中的要领，形成正确的概念，在自己动手时不会发生大问题。教师在示范时不仅要教会学生正确操作要领、操作姿势和操作方法，还要使学生把某些被分解的动作逐步连接起来，培养、锻炼学生动作的速度和准确度，打好技能的基础。

（二）循序渐进，由易到难

实验的安排应尽量先易后难，先简后繁。从系统性来讲，前面实验技能是后面的基础，后面实验技能是前面的发展和提高。只有由浅入深、循序渐进地对学生进行训练，才能便于学生对实验操作技能的记忆和巩固。

（三）讲解示范，从严要求

在实验操作教学中，既要通过教师示范和讲解仪器的使用方法及操作要领，使学生观察到规范的操作姿势和方法，又要及时发现、指出并矫正学生操作练习过程中的不正确动作或姿势。其中，对许多复杂实验仪器或设备的操作还必须从小处着眼，抓住每个环节、每个动作，严格把关，以使学生按照要求人人过关、项项过关。

（四）创造条件，多加参与

培养学生正确熟练地使用仪器、设备和材料的能力，除发挥教师的主导作用外，还要创造条件，多给学生动手操作的机会和空间。为此，一是在学生分组时应使每组人数越少越好；二是遇到仪器不足时，可分期分批轮流操作；三是适当扩大实验项目，增加学生动手操作的次数和密度；四是利用有关院校和企业的仪器设备，增加学生动手操作的机会；五是边学边实验，让学生亲自操作仪器与设备，是培养学生动手能力的主要渠道；六是改演示实验为学生实验，多让学生做实验，既能提高其学习兴趣，调动其积极性，又能培养他们的操作能力；七是将操作简单的演示实验改为学生实验，让学生更多地参与教师的演示，既能提高学生的操作能力又能活跃课堂气氛，并以此全面提高学生的实验操作能力。另外，在学生参与的过程中，总会把其常犯的操作错误"演示"出来，这时就要及时进行指正。

（五）独立操作，启发思维

在实验教学中，要注意克服看得过死、指导过详等弊端。教师在指导学生实验时，应抓住实验中出现的矛盾，启发学生思考、分析。应尽量放手让学生自己安装、调试实验仪器与设备，出现故障应引导学生自己动手排除、解决。这有利于学生实验操作技能的形成与巩固。

（六）培养典型，互教互学

榜样的力量是很有说服力的，特别是学生中的榜样更是如此。对一些要求既准确又迅速，且难度较大的实验操作，教师一方面要多演示、多指导，另一方面要及时发现学生中对操作技能掌握较好的典型，让他们做演示，供他人仿照；还可让他们去帮助操作能力较差的同学。这种培养典型、树立榜样、互教互学、共同提高的实验教学方法，有利于学生较快地掌握操作技能。

（七）因材施教，加强指导

对不同类型的学生，应有不同的实验项目、不同的深度要求和不同的指导方法。根据学生各自特点因材施教，进行分类辅导和个别指导，有利于绝大多数学生迅速掌握操作技能。正确地对待学生中的个体差异，采取不同的教学方法，对提高学生的实验操作技能大有益处。尤其是对个别操作技能较差或接受能力较低的学生，则应针对其弱点，多做个别指导，必要时可适当延长实验时间，以使他们较好地完成实验项目与掌握操作技能。

（八）激发兴趣，寓教于乐

学生学习兴趣的高低，对操作技能的掌握与否有极大影响。为培养学生的实验兴趣，可联系实际，或讲述工厂生产过程中的情况，或组织学生到有关单位参观，或组织操作兴趣小组，或组织操作技能竞赛，如比准确、比速度、比协调、比实验结果的正确程度。这些激发兴趣，寓教于乐的方法，对提高学生实验操作技能会大有帮助。

（九）反复练习，熟能生巧

学生在做实验操作时，往往仅满足于会做，而忽视求精、求巧。要掌握稳定、正确和熟练的操作技能，必须在实验操作中反复练习，而且要有目的性和针对性。对某些重要而复杂且难以掌握的操作技能，应先掌握局部动作，再把数个局部动作交替地反复练习，并使各个局部动作有机地联系起来，然后使之相互协调，逐渐自如，最终达到准确、迅速、完美的程度。

（十）注重求异，鼓励创新

在实验操作教学中，要注意培养学生的求异思维和创新能力。为此，可在明确实验目的的基础上，鼓励学生独立设计实验方案，正确选择实验仪器，预测观察现象，得出有关结论。具体讲，首先要引导学生弄清课题含义，明确实验目的，启发他们运用已有知识和技能设计实验方案，然后让他们"八仙过海，各显其能"。对此，教师不要轻易裁决，可引导学生从步骤是否简便、操作是否准确、技能是否熟练、结论是否可靠等方面进行比较、分析；最后再让学生去实践，在实践中求探索、求创新。对学生掌握实验操作技能层次的要求是：懂、熟、精。懂，即懂得仪器设备的性能、用途、使用方法；熟，即熟练掌握仪器设备的特点、技术指标和要求；精，即对操作中发生的故障能判断在何处、是何因，并能予以处理、解决。对于综合性和创新性实验，要以学生为主，对于自主设计的创新性实验则采用项目驱动方式——选题、论证、实施、验收等方式进行。在此过程中，教师只对解决问题的思路和可能的途径给予引导与启发，使学生在分析与解决实验问题的过程中提高实践能力。

第二章 化学实验基本操作能力教学研究

化学实验基本操作是从事化学实验的基本功，是学习化学理论、参加生产实践、进行科学研究以至掌握现代实验新技术的基础。作为化学教师，只有熟练掌握化学实验基本操作，演示实验时，才能做到动作敏捷、娴熟规范、冷静沉着，成为学生实验操作的典范，进而保证实验教学的顺利进行。如果实验操作不正确，不熟练，就像写字大手握笔一样，不仅看起来不顺笔，还会给实验的进行带来困难，甚至因操作错误导致实验失败或事故的发生。因此，化学教师要认识掌握实验基本操作的必要性、重要性，从头做起，从最简单的基本操作练起。如果已经形成了一些不规范的操作习惯，要下决心改正，掌握规范化的基本操作，以提高实验教学的质量。

第一节 简单玻璃工操作和仪器装配教学

一、简易玻璃器件的加工

（一）玻璃管的截断

截断玻璃管可将玻璃管放在桌上，用三角锉刀（或小细砂轮、碎瓷碗片的锋刃），在要切断处与玻璃管垂直单向锉细痕，不可用拉锯法来回锉。锉痕约为玻璃管周长的1/4即可。然后两手拇指略向后并稍向外轻拉，玻璃管即可整齐断开，把断面插入酒精灯外焰，边转动边加热，烧至发红后放置冷却，即可烧成光滑的管口。但不要加热时间太长，以防管口收缩，亦可用铁丝网用力打磨。截断玻璃棒与上述方法基本相同。切断粗玻璃管时，可用蘸过水的玻璃刀或锉刀在要切断处锉出一圈细痕，然后用烧得白炽的玻璃棒一端压触细痕，产生裂纹，挪动位置再重复几次即可切断。或用喷灯的火焰尖端加热锉痕，并不停地转动玻璃管，待整圈锉痕处烧至微红时，用毛笔在锉痕上沾水，玻璃管即可切断。欲截断玻璃瓶，可先锉出一圈细痕，让瓶身横放，用细棉线在锉痕处缠几圈，吸足酒精，点燃棉线，并转动瓶身，燃毕，立即将瓶竖直插入冷水中至浸没锉痕，瓶子即可断开，如切不齐，可用锉或铁砂网磨削突出处，或沾水在废砂轮上磨平。

(二) 玻璃管的弯曲

先把玻璃管放在弱火焰预热，然后在强火焰中加热，若玻璃管受热面积小，弯曲时会变瘪，为了增加玻璃管的受热面积，左右移动加热或在灯焰上套一个薄金属片制成的鱼尾形扩焰器 (也叫鱼尾灯头)，使玻璃管受热处达 3 ~ 5cm。加热时，两手手心向上平托玻璃管两端，并向同一方向不停地转动，两手转速要一致。当玻璃管受热部分烧红而且变软，但尚未自动变形时，离开火焰，两手向上、向里轻托，并保持玻璃管在同一平面上，一次弯成所需要的角度，若两手转速不一致，或不在同一平面上则容易弯曲玻璃管。如要弯成小的角度，可分几次进行。但每次加热的中心应稍有移动，要特别注意的是，角度越小，玻璃管越要烧得软些，而且边弯曲边向管内吹气 (管的一端预先封闭)，但吹气不要过猛，否则被烧软的部位容易鼓泡。玻璃管弯好后，应放在木板或石棉网上冷却，不要骤冷，以防炸裂。

(三) 玻璃管的拉细

两手手心相对，握住玻璃管，使玻璃管在灯焰上加热，并不停地以同一速度向同一方向转动，至玻璃管红热发强光，并充分软化时，离开火焰，两手均匀用力向左右拉伸，直到拉成所需细度，再固定两手让玻璃管冷却，拉细时要注意整个玻璃管在同一直线上，粗细管有共同的中心。玻璃管拉好冷却后，按所需长度截断，即得两支尖嘴管，在管的粗端均匀加热至软化，然后垂直立于木板上向下轻压，可形成一圈稍向外突起的管口，或用锥形木棒或碳棒对准管口塞入即成喇叭口，拉细玻璃管，套上胶头即成滴管[①]。若不是特殊的需要不要拉成很细的玻璃管，以免折断碎屑伤及眼睛。

① 沈玉龙，魏利滨. 绿色化学 [M]. 北京：中国环境科学出版社，2004：28–33.

(四) 玻璃管口的封闭和扩大

将要封闭的一端烧熔，再用预热过的镊子将其拉成锥形，再在靠近封闭处截断，最后加热封闭处使熔合缩成圆头。为使闭合处端正圆滑，可离开火焰趁热向管内小心吹气，反复几次，管底即可整齐。此法也可用来修复破底试管。如要扩大管口，可将管口均匀加热（边加热边转动）至刚软化，然后离开火焰，用锥形木棒插入管口轻旋即成。玻璃管的熔接：实验室中经常用到两端管径不同的玻璃管、T形管及Y形管，这类管件都是采用对接和侧接技术制成的。被接玻璃管的材料质量应相同，否则因热胀系数不同熔接处冷却时易断裂脱落。

侧接：欲熔接三通管，先取一玻璃管，封闭一端，在熔接处用强火焰尖烧熔，离开火焰后往管内吹气便形成薄玻璃泡，打碎玻璃泡（注意不要让碎屑四处飞扬，特别要注意保护眼睛），修理破口边缘成一圆孔。另取同一质料玻璃管，烧熔封口后也吹成玻璃泡，然后打碎玻璃泡，管口成喇叭状，同时均匀加热两根玻璃管的管口，玻璃熔化收缩到两口大小相等时，迅速将两圆口对准粘在一体，继续用强火加热熔接处，使两者充分熔合。由于熔料因张力而收缩，所以应向管内吹气（对接前吹气的玻璃管另一端也应封闭），使熔接处膨胀，反复若干次，使熔接处充分融合为一体，同时使其厚薄均匀。经、缓、慢冷却（相当于退火）后，按需要长度切断烧圆断面即可。对接法与侧接法基本相同。

二、仪器装配

装配简单仪器，常用的操作有塞子钻孔、玻璃管或温度计插入塞孔、玻璃管与胶管连接等。

(一) 塞子钻孔

常用的塞子有木塞（常用于有机反应）和橡皮塞（严密、但易被某些有机物溶胀），按大小编号。软木塞在钻孔前应先用压塞机压紧压软。选择合适的塞子，以塞入瓶口或管1/2左右为宜。如用钻孔器给橡皮塞钻孔，钻孔器应选略粗插入的玻璃管，给软木塞钻孔，钻孔器应选择细于要插入的玻璃管。钻孔时，应将塞子小头朝上置于木板上，用右手扶住孔的把柄，选好钻孔的位置，一直向下，边钻（顺时针方向转）边转至打通为止。刀刃处可沾点水或肥皂水，以减少摩擦。逆时针旋转，拔下钻孔器，清理钻孔器中的残屑。为了使塞子两头钻孔都很圆整，也可由两面向中间各钻进一半，但这样做常难达到两孔恰好合一。

（二）向塞孔中插入玻璃管或温度计

向塞孔插入玻璃管或温度计时，插入一端蘸少许水（如反应不允许有水，可涂甘油），左手拿塞，右手拿管（靠近塞子一端），慢慢旋入，一般至管头刚刚露出塞子即可。如果是弯管，切不可握住拐弯处做旋柄，以免玻璃管折断刺破手掌。玻璃管插入橡皮管时，橡皮管的口径要比管径略细一些。先湿润玻璃管口，然后稍用力即可插入，插入深度为 15～20mm。向烧瓶或管口上塞塞子，可用左手捏住瓶，右手拿塞轻轻用力旋进。严禁把烧瓶立在桌上向下用力压塞。

装置气密性检查，根据装置图的要求，选择适当的仪器。仪器零件的大小、比例要搭配适当，然后按顺序连接起来，并要检查整套装置的气密性。检查的方法是让整套仪器只在一端留有气体出口，将出口导管插入水面下，用手掌紧握烧瓶或试管导管口有气泡冒出，松开手掌，则管口有水柱形成，这些现象说明装置不漏气。否则应检查装置的各连接处，调整至不漏气为止。

第二节　玻璃仪器的洗涤教学

做实验必须用干净的玻璃仪器。洁净的仪器不仅能给学生以美感，还能培养学生爱整洁的习惯。使用不干净的仪器不仅影响美观，影响观察的清晰度，还可能因仪器污染引入杂质而影响实验的结果。做完实验后，应立刻把用过的仪器洗涤干净。玻璃仪器洗涤干净的标准：没有污染的杂质、油脂及污垢，呈透明状。检查方法：在仪器中装满水后再倒出，器壁完全被水浸润，在器壁表面留下一层均匀的水膜。仪器用毕，即刻洗涤不但容易洗净，而且由于了解残渣污物的成因和性质，也便于找出处理残渣和洗涤污物的方法，避免有些药品残留在容器里，干后不易洗掉。洗涤仪器的方法有很多，应根据实验的要求、污物的性质和污染的程度来选择。一般来说，附着在仪器上的污物，有尘土和其他不溶性物质、可溶性物质、有机物质和油污。针对这些情况，可分别用下列方法洗涤。

一、水洗

一般情况下用试管刷刷洗附着在仪器上的尘土和其他不溶性物质，再用水洗则可以除去可溶于水的物质。这种方法最简便，但洗不掉油污和有机物质。应当注意，洗涤时，不能用秃顶的毛刷，也不能用力过猛，否则会戳破容器，洗刷时，可把试管刷伸进容器（如试管）至刷顶毛接触容器底，手握住紧靠试管口外的刷把，或转动，或上下移动试管刷进行刷洗。不能用金属器具特别是铁器（如刀子、铁刷、铁丝等）或沙子等做工具除去玻璃器皿中的污垢，用自来水洗净后，必须用少量蒸馏水淋洗几次。

二、用肥皂或去污粉洗涤

器皿上有油污或有机物质，可用肥皂或去污粉刷洗，去污粉是由碳酸钠、白土、细沙等混合而成的，使用时首先把要洗的仪器用水湿润（水不能多），撒入少量去污粉，然后用毛刷擦洗。碳酸钠是一种碱性物质，具有极强的去油污能力，而细沙的摩擦作用以及白土的吸附作用，则增强了对仪器的洗涤效果。待仪器的内外壁，都经过仔细的擦洗后，用自来水冲洗，最后用蒸馏水冲洗三次。如仍不干净，可用热碱液洗涤，用碱水洗去污垢后，再用自来水、蒸馏水冲洗几次。对于定量精密玻璃仪器，一般不用去污粉洗涤。

三、用化学药剂洗涤

有时玻璃仪器壁上会生成一些难溶物，用水洗不掉，可选用适当的药剂工业品可与其反应，生成易溶物。例如，用浓盐酸可洗去附着在器壁上的二氧化锰、氢氧化铁、难溶的硫酸盐和碳酸盐等。

用温热的稀硝酸可除掉"铜镜""银镜"，用硫代硫酸钠溶液可溶解难溶的盐，煮沸的石灰水可洗掉凝结在玻璃器壁上的硫酸钠或硫酸氢钠的固体残留物，加水煮沸使它溶解，趁热倒出。因此实验中有这两种物质生成时，就要在实验完毕后趁热倒出来，否则冷却后结成硬块，不容易洗去。煤焦油的污迹可用浓碱浸泡一段时间 (约一天)，再用水冲洗，蒸发皿和坩埚上的污迹可用浓硝酸或王水洗涤[1]。

要洗净研钵，可以取少许食盐放在研钵中研磨，倒走食盐，再用水洗。用有机溶剂能够洗掉器皿上的油脂凡士林、碘、松香、石蜡等污物，常用的有机溶剂有乙醇、乙醚、丙酮、苯、汽油等，但使用时应注意节约和考虑是否值得。有机溶剂一般是易挥发且易燃的物质，应注意防火。

四、用洗液洗涤

洗液有多种，常用的洗液是浓硫酸和等体积饱和重铬酸钾溶液的混合液，具有较强的氧化能力，用洗液洗涤的仪器，一般用来进行较精确的实验。使用洗液前先用水洗。把水倒净后，注入少量洗液，使仪器倾斜并慢慢转动，待器壁全部被洗液浸润后，把洗液倒回原来瓶内，再用自来水冲洗掉器壁上残留的洗液，最后用蒸馏水冲洗 2～3 次。如果用洗液把仪器浸泡一段时间或者用热的洗液洗涤则效果更好。

因洗液造价较高，所以如果对实验要求不高，能用上述其他方法洗涤干净的仪器就不用洗液来洗。用过的洗液，可以重复使用，但洗液的颜色由原来的深棕色变为绿色后，说明洗液已失去洗涤能力。近年来有人用王水洗涤玻璃仪器，获得良好效果，但因王水不稳定，所以使用王水时应现配制。

不论选用哪种洗涤方法，都应符合少量多次的原则，即每用少量的洗涤剂洗涤，洗的次数多一些，而且在加入新的一份洗涤剂以前应该让前一份洗涤剂尽量流尽，这样既节约药品又能提高洗涤效果。洗净的仪器，不能用布或纸擦拭，以免留下纤维物污染仪器。

---

① 龙盛京. 有机化学实验 [M]. 北京：高等教育出版社，2002：15-25.

第三节　常用仪器的干燥教学

在有些化学实验中，需要用干燥的仪器。因此在仪器洗净后还需进行干燥操作。仪器的干燥方法有不加热法（晾干和吹干、有机溶剂干燥）和加热法（烘干、烤干）两种。

洗净的仪器不急用，可倒置于干燥处或仪器架上，任其自然晾干。使用有机溶剂干燥带有刻度的计量仪器，不能用加热的方法进行干燥（会影响仪器的精密度）。这类仪器可用有机溶剂进行干燥。有些有机溶剂可以和水互相溶解（最常用的是酒精与丙酮按体积 1∶1 混合）。在仪器中加入少量有机溶剂，把仪器倾斜或转动，器壁上的水即与溶剂混溶，然后倾出。最后残留在仪器内的溶剂很快挥发，水分被带走，从而使仪器干燥。如果再往仪器内吹入空气促使有机溶剂迅速挥发，则干燥得更快。

烘干洗净的仪器，有条件的可放在恒温干燥箱内烘干，恒温干燥箱温度可保持 373～393K。仪器放入前应先倒净水，放入时仪器口朝上，若箱口朝下（倒置后不稳的仪器则应平放），应在恒温干燥箱的下层放一瓷盘承受从仪器上滴下的水珠，防止水滴在别的已烘干的仪器上，引起炸裂。同时可防止水与电炉丝接触，以免损坏电炉丝。厚壁仪器如量筒、吸滤瓶等不宜在恒温干燥箱中烘干，冷凝管也不宜烘干。分液漏斗和滴液漏斗必须在拔去塞子或活塞后方能放入恒温干燥箱内烘干。

烤干烧杯或蒸发皿可置于石棉网上用灯火烤干。试管的干燥也常用此法。操作时试管要微微倾斜，管口向下，防止水珠倒流而炸裂试管，并不时地来回移动试管，烤到不见水珠后，再将试管口朝上，以便散尽水汽。许多化学实验，需要在加热的条件下进行。有时需要高温，有时需要低温，还有的要恒温或连续加热或间断加热，等等。这就要根据实验要求选用热源。如果加热操作不当，不仅会导致实验失败，有时还会发生事故。因此加热操作的正确与否，关系到实验的成败和安全。中学化学实验中一般采用火焰直接加热和间接恒温加热两种类型。

化学实验常用的热源有：酒精灯、酒精喷灯、煤气喷灯和电炉。酒精灯由灯座、灯管、灯芯和灯帽四部分组成，其火焰外焰温度可达 773K 以上，是最常用的热源。酒精灯使用时应保持灯座内含有去容积的酒精，向灯壶内倾倒酒精必须通过漏斗，严禁向燃着的灯内添加酒精；点燃酒精灯前应调整灯芯高低，并使灯芯松紧适当，太紧，影响酒精上吸，太松，又容易从灯管中缩下去（很危险）；如发现灯口处有裂纹或有裂口，应立即停止使用，以防失火或爆炸；点燃酒精灯应用火柴或木条，禁止灯对灯点燃；熄灯时，绝不可用口吹，要用灯帽盖灭；为防止加热时灯焰摇摆、跳动，可罩上防风罩。防风罩可用金属纱网做成，也可用金属片做成，在下端要开有通气孔。酒精灯不用时要盖好灯帽，以防酒精蒸发后，灯芯上残留水分太多，不易点燃。

酒精喷灯：火焰温度可达 1273K 以上，常用作高温反应或玻璃工操作的热源，常见的有座式和挂式两种。座式喷灯使用前，应先加酒精至不超过灯座容积线，然后旋紧灯座口盖[1]。用探针检查喷射酒精蒸汽的细孔是否畅通。在预热盘内加酒精并点燃，片刻，灯管内酒精汽化，由喷射口喷出，并在灯管口燃烧成焰；上下移动空气调节器，控制进入空气量，可调节火焰大小和温度高低。座式喷灯高温燃烧使用时间不宜过长（一般 30~40min），以防灯座内酒精的温度太高而完全汽化，使内压过大而爆裂；如灯座锈蚀或开焊，应停止使用；熄灭时，可用木块盖住灯管口，再用湿布蒙在灯座上，以降低酒精温度；旋松铜帽慢慢放出剩余蒸汽（不可拿下盖子，以防着火）。挂式喷灯：使用时，向酒精贮罐内加酒精至近满（如酒精中有不溶物应过滤，以免堵塞灯中细孔），挂在高处，位差大，酒精压强就大，相同情况下火焰越大，温度越高，火焰大小可通过调节器调节。点燃前也应先通畅蒸汽喷口，再在预热盘上点燃酒精，扭开酒精贮罐下的开关，酒精即可流入预热盘，然后关闭调节器当预热盘内的酒精将燃尽时，打开调节器，待酒精在喷口处汽化喷出，便可点燃（或用火柴管口点燃）。通过风门（有的喷灯空气进入量是固定的）和调节可调整火焰温度。如预热不足，会喷出液体酒精，形成"火雨"，所以打开调节器时要特别小心，如果酒精未汽化，应继续加热；喷灯用毕，关闭调节器，火即熄灭。挂式喷灯温度较高，使用时间较长，也比较安全。

煤气喷灯：火焰温度可达 1773K 以上，这种灯不仅可以获得高温，而

---

[1] 古风才，肖衍繁.基础化学实验教程[M].2 版.北京：北京科学技术出版社，2005：31-38.

且使用方便。使用时，顺旋灯管至不能再旋为止，关闭气门，旋开煤气龙头，在灯管上方 3~4cm 处点火，必须先开煤气后点火，若是先点火后放气，会有声响发生，煤气也易在灯管内燃烧，这样会使煤气出口烧坏或烧烫灯座，若有此种现象，应立即关闭煤气龙头，等冷却后旋闭空气进路，重新点燃。顺旋或逆旋灯座旁侧的螺旋（有的灯螺旋装在灯座下面）可调节煤气输出量的多少，以控制火焰的大小。逆旋灯管使空气由灯管下部各小孔内输入，至火焰层次分明呈蓝色时为止。空气门一般不能开太大，否则也会使火焰缩入灯管内。若火焰冲离灯管口，这是由于煤气和空气同时过多地进入灯管，应该立即调节使之恢复正常。

熄灭灯焰一定要关闭煤气龙头，切勿用调节螺旋来代替它，也不能吹灭。吹灭灯焰，只是终止燃烧，煤气仍继续放出。煤气不仅有毒，而且跟空气混合达到一定比例后容易发生爆炸，所以，熄灭时一定要立即关闭煤气龙头，这样才能保障安全。

电炉是最方便的热源设备，电炉的种类规格很多，实验室内通常使用开放式和封闭式两种。封闭式外观看不到炉丝，使用较安全。使用电炉时，所有绝缘体部分都应完整无缺，以防漏电。电炉插头只能插在规定的插座上，用完后必须先切断电源再整理，发生事故应先切断电源。

第四节　加热操作教学

加热操作分为直接加热和间接加热两种方式，具体内容如下。

一、直接加热

能直接加热的器皿有试管、烧瓶、烧杯、蒸发皿等，主要操作方法如下。

（一）给试管加热

给试管加热时必须用试管夹夹住，试管夹应从管底往上套，夹在试管中上部，手握管夹长柄，拇指不要握在短柄上，试管内盛装液体的量不超过总体积。加热前擦干试管外壁，先均匀加热，再集中加热盛有液体的下部，并轻轻晃动试管。试管应跟桌面约成45°倾斜，严禁管口对着他人。加热固体时应将试管固定在铁架台上，管口略向下倾，如果确定反应不产生水，药品也无存水时，也可让管口向上斜，加热时移动酒精灯，先均匀加热，再集中加热药品处，并按反应情况，逐渐由前向后移动灯焰。要用外焰给试管加热，严防灯芯触及试管壁。

（二）给烧杯加热

给烧杯加热时，液体不得超过其容积，防止沸腾时溅出杯外，加热前擦干烧杯外壁，放在三脚架或铁架台铁圈的石棉网（或铁丝网）上加热，若不垫石棉网（或铁丝网）直接加热，由于受热不均，容易使烧杯破裂。

（三）给烧瓶加热

烧瓶用烧瓶夹夹住瓶颈并固定在铁架台上。为使仪器底部受热均匀，加热时必须垫以石棉网或铁丝网。当液体加热到量很少时，应停止加热。温度很高的仪器不要立即用水洗或放在冷湿的桌子上。

（四）给蒸发皿或玻璃片加热

蒸发皿是圆底敞口瓷器，常用于蒸发和浓缩液体。使用时放在铁圈或泥三角上，可进行直接加热。盛放的液体不要超过其容积的2/3。蒸发时应用玻璃棒不断搅拌。待蒸发到溶液近干时即应停止加热[①]。利用余热继续蒸发，随即冷却结晶。如果蒸干后还继续加热，晶体会溅出，甚至因高温而变质。移动热的蒸发皿可用预热过钳头的蒸发皿钳或坩埚钳，但钳夹不可触及药品。

有时为了证明液体中有固体溶质，可吸取一滴或几滴溶液于玻璃片上，用坩埚钳夹持，在酒精灯上蒸发皿加热烘干，但应注意不可让玻璃片触及火焰，以防炸裂。

---

① 周宁怀，宋学梓. 微型化学实验 [M]. 杭州：浙江科学技术出版社，1992：17–23.

二、间接加热

间接加热主要操作方法如下。

(一) 坩埚加热

加热时把坩埚放在泥三角上，用氧化焰灼烧，不要让氧化焰接触坩埚底部，防止在坩埚底部结上黑炭，以致坩埚破裂。加热时先用小火烘烤坩埚，使坩埚受热均匀，然后加大火焰灼烧。如需要高温加热时，用坩埚盖压在火焰上部，使火焰反射到坩埚内，直接夹取高温下的坩埚时，必须用干净的坩埚钳，先在火焰上预热一下钳的尖端，再夹取。坩埚钳应平放在桌上，尖端向上，保证坩埚钳尖端洁净。

(二) 水浴加热

为了保证被加热物质受热均匀或恒温，有时采用水浴、油浴、沙浴等间接加热方法。简单的水浴锅由金属制造，锅盖是一套由大到小的金属圈。使用时，锅内盛不要超过容积线的水，取下几个金属圈，使被加热仪器正好座上，锅下用灯加热。水浴加热的最高温度为373K，如长时间加热，需补充热水。注意被加热仪器不要触及锅底。自动控制的恒温水浴锅，使用起来更方便。简单的水浴锅也可以用烧杯代替。

(三) 油浴加热

温度可控制在373～523K。用于油浴的液体有甘油、液状石蜡、硫酸、矿物油或植物油等。它们的极限加热温度各不相同（甘油493K，石蜡油493K，硫酸523K，矿物油573K）。使用油浴要严防着火，当油冒浓烟时即停止加热。一旦着火，要先撤去热源及周围的易燃物，然后用石棉板盖住油浴锅口，火即熄灭。

油浴中应当悬挂温度计，以便随时调节灯焰控制温度。但温度计不要与锅接触，否则测温不准。加热完毕，容器及温度计提离油浴液面，待附着在容器外壁和温度计上的油流完后，用纸或干布擦净。

（四）沙浴加热

要求加热温度更高时，可采用沙浴，一般可加热到 623K。沙不易传热，因此底部的沙层要薄一些，使之易于传热，但容器周围又要堆积得厚一些，使之易于保温，细沙要经炼烧去除有机杂质后再使用。若要测量温度，可把温度计插入沙中，但不要触及底盘。

第五节　称量操作与试剂的取用教学

一、称量方法的分类

（一）直接称量法

称物品前，先测定天平零点，然后把物品放在左盘中，在右盘上加砝码，使其平衡点与零点重合，此时砝码所示的质量就等于称量物的质量。

（二）固定质量称量法

这种方法是为了称取指定质量的试样，要求试样本身不吸水并在空气中性质稳定，如金属、矿石等。其步骤如下，先称容器（如表面皿）的质量，并记录平衡点，如指定称取 0.4g 时，在右边秤盘上放置 0.4g 砝码，在左边盘的容器中加入略少于 0.4g 的试样，然后轻轻振动牛角匙，使试样慢慢落入器皿中，直至平衡点与称量容器的平衡点刚好一致。这种方法优点是称量简单，计算方便。因此，在工业生产分析中，广泛采用这种称量方法。

递减称量法称出样品的质量不要求固定数值，只需在要求的范围内即可。适于称取多份易吸水、易氧化或易与 CO_2 反应的物质。将此类物质盛在带盖的称量瓶中进行称量，既可防止吸潮和防尘，又便于称重操作。

在称量瓶中装适量试样（如果是经烘干的试样应放在干燥器中），用洁净的小纸条或塑料薄膜条，套在称量瓶上拿取，放在天平盘中，设其质量为 0.4g。

将称量瓶取出，并从右盘取出与要称得某一数量试样相等的砝码。在盛试样的容器上打开瓶盖，用称量瓶盖轻轻地敲击瓶的上部，使试样慢慢落入容器中，然后慢慢地将瓶竖起，用瓶盖敲瓶口上部，使粘在瓶上的试样落入瓶中，盖好盖子。再将称量瓶放回天平盘上称量，重复操作，直到倾出的试样质量达到要求为止。

二、试剂的取用

固体药品的取用规则要用干净的药匙取用药品，用过的药匙必须洗净和擦干后才能使用，以免污染试剂。取出药品后应立即盖紧瓶盖，并放回原处，以防盖错瓶盖，彼此引入杂质。称量或取用药品时，必须注意不要取得过多，多余的药品，不能倒回原瓶，可放在指定的容器中，供他人使用。一般的固体药品可以放在干净的纸或表面皿上，具有腐蚀性、强氧化性或易潮解的固体药品不能放在纸上。称量也应注意这一点。有毒药品要在教师指导下取用。取用粉末状药品时，为避免药品沾在容器壁上，常采用两种方法：一是使容器倾斜，把盛有药品的药匙小心地送入容器底部，然后直立起来，让药品完全落下。二是把固体粉末放入折叠成槽状的硬纸上，然后送入容器底部。首先要将药品或金属颗粒放入容器，把粉末药品放入容器口，然后把容器慢慢竖立起来，使药品缓缓地滑入底部，以免击破容器。

(一) 液体药品的取用

从滴瓶中取用液体试剂时，滴管不能触及所使用的容器器壁，以免污染。滴管放回原滴瓶时不要放错，不准用不洁净的滴管到试剂瓶中吸取药液，以免污染试剂。

使用细口瓶中液体试剂时，先将瓶塞倒放在桌面上，防止弄脏。拿试剂瓶时应将标签面向手心，以免洒在瓶外的试剂腐蚀瓶签。倾倒试剂时，应使其沿着容器壁流入或沿着洁净的玻璃棒注入容器，取出所需量后，逐渐竖起瓶子，把瓶口剩余的一滴试剂碰到试管或烧杯中，以免液滴顺着瓶子外壁流下。

(二) 量筒和量杯的使用

量筒和量杯的壁上都标有刻度，其容量按毫升计，小量筒刻度可精确到 0.1mL。因为量筒量杯上的刻变是在室温下核定的，所以热溶液必须待冷却至室温后再用量筒量取。量取液体时，应让量筒立于桌面上，待液体平稳后，观察液体的弯月面，使视线与液面（弯月面）的切线在一条水平线上，记下刻度读数。如果视线的位置偏高、偏低或量筒放置歪斜，所观察到的刻度都会有较大的误差。

（三）滴管的使用

吸取少量液体可用胶头滴管（简称滴管）。滴管又分两种，一种滴瓶滴管（兼用作瓶塞）；另一种为直管滴管。用滴管将液体滴入试管时，应用左手垂直地拿持试管，右手持滴管胶头，滴管下端应离试管口 1cm 左右，然后挤捏胶头，使液体滴入试管中[①]。滴管用完后要立即放回原瓶。使用过程中，严禁滴管横置或向上放置，以免液体流入胶头内，滴管往试管中加入液体时，可以垂直加入，也可以倾斜滴入。同一滴管，垂直滴入的液体略小于倾斜滴入的液体。计算滴液量通常按 20 滴为 1mL 估算。

（四）容量瓶的使用

容量瓶主要用于配制一定体积的、物质的量浓度的溶液，使用时应先检查塞子是否严密。溶质的溶解应在烧杯中进行，待溶液冷至室温用玻璃棒引流所需容积到容量瓶中（不要洒到外面）。用蒸馏水洗涤烧杯和玻璃棒三次，洗涤液要全部转入容量瓶中。然后向容量瓶中加蒸馏水至近刻度线，再用滴管逐滴加至刻度。塞紧并按住瓶塞，另一只手扶住瓶底，将容量瓶倒置，反复操作多次，使溶液充分混匀。将容量瓶放置片刻，让瓶颈内壁上的溶液流下，即配得定浓度定容积的溶液。

容量瓶主要用于容量分析，有时也用于精确量取液体。酸式滴定管端有磨口玻璃活塞，以控制液滴；碱式滴定管下端有一段橡皮管，管中堵一玻璃球（或一短玻璃柱），橡皮管下端接尖头玻璃管。使用时，拇指和食指向一边挤压玻璃球的橡皮管，使皮管与玻璃球之间形成一条缝隙，液体便滴下。

---

① 大连理工大学无机化学教研室. 无机化学实验 [M]. 北京：高等教育出版社，2007：31-37.

第六节　分离操作教学

在化学反应中为得到某一组分时需要采取分离的方法，根据混合物中各成分的状态（气、液、固）和性质（是否互溶）不同，可采用不同的方法进行分离，常用的方法有倾泻法、分液法、离心分离法、蒸馏法、结晶法、过滤法、分馏法、升华法、萃取法、洗气法、干燥法等，不包括通过化学反应使物质分离的方法。如两种固体物质颗粒大小相差悬殊，而同种物质颗粒大小较均匀，可选择适宜孔目的筛子，过筛分离。如两种固体物质一种可溶、一种不溶，则可通过溶解，然后采用固液分离法，分离后，溶液浓缩结晶，收回固体。如两种固体均可溶，但溶解度不同，或温度对溶解度大小的影响不同，可根据情况，进行加热、溶解、蒸发、结晶、重结晶等操作，达到分离或提纯的目的。如两种固体物质熔点相差悬殊，可加热使低熔点物质熔化与高熔点物质变成两部分，趁热进行分离，冷却后低熔点物质可再凝为固体。如两种固体中有一种易升华，可在烧杯中加热混合物，杯口放置一个充满冷水的蒸馏烧瓶，并使水流动以保持低温。混合物中易升华的成分受热变为蒸汽，蒸汽遇冷后凝为晶体附在容器壁上，待易升华成分全部升华后，停止加热和通入冷水，取下烧瓶将晶体刮下。

一、固液分离

当沉淀的颗粒大，比重大，很容易沉降至容器底部时，可用倾泻法分离，即把上部溶液倾倒至另一容器中，留下沉淀，然后在沉淀中加入少量洗涤液，充分搅拌，待沉淀沉降完成后，倾出洗涤液，如此重复二三遍，即可分离完全。

二、过滤

根据情况可采用常压过滤、减压过滤或加热过滤。常压过滤的主要仪器是三角漏斗，也叫普通漏斗（有长颈和短颈两种），漏斗口锥体为60°角，其规格按口径标记。过滤时取一张方形滤纸，对折两次，把滤纸边缘剪成弧形，然后打开使其呈圆锥形（一边三层，一边一层），让锥尖向下放入漏斗，使滤纸上沿低于漏斗口约 0.5mm。将三层滤纸处外层撕掉一个小角，即制成过滤器。将过滤器放在漏斗架上，调整好高度，并使滤纸紧贴漏斗内壁，用蒸馏水润湿滤纸。漏斗管尖应紧贴烧杯内壁，使滤液能顺着烧杯壁流下。用倾泻法将盛混合物的烧杯嘴靠在稍微倾斜的玻璃棒上，把混合液转移至过滤器，玻璃棒下端贴近（不触及）过滤器的三层滤纸上，让液体沿玻璃棒流入过滤器，至液面略低于滤纸边缘，待液面下降后再续加液体，最后将沉淀转移至过滤器（如过早将沉淀转移至过滤器，会堵住滤纸孔隙，使过滤速度变慢）。如果滤液仍浑浊，就再过滤一次。

若沉淀需洗涤，可沿玻璃棒向沉淀中注入蒸馏水或其他溶剂，滤液滤下后如有必要，再重复操作。为了增大液体与滤纸的接触面积，以加快过滤速度，可把滤纸折叠成"菊形"进行过滤[①]。

为了加快过滤速度，可采用减压过滤（也称为真空过滤、抽滤、吸滤）。即减小过滤器下方吸滤瓶内的压强。在过滤器上下压强差的作用下，使过滤加速。减压过滤所用的漏斗是瓷质的平底细孔漏斗，也叫作布氏漏斗，使用时用一张略小于漏斗底的圆形滤纸，盖住漏斗底的小孔，漏斗管上套有胶塞，塞在吸滤瓶上（漏斗管的斜面应对着吸滤瓶的支管）。吸滤瓶是一种带支管的锥形瓶，壁厚耐压。吸滤瓶的支管与抽气泵相连，实验室常用抽气泵，称为抽气唧筒或叫作过滤水泵，有玻璃质和铜质两种，连接在自来水龙头上，拧开水龙头，即可抽气，向漏斗中加少量水，同时开启水龙头，使滤纸紧贴在漏斗底部，然后把混合物均匀倾倒在滤纸上，开始抽滤。调节水流快慢，以控制抽劲大小。水流应适中。若水流过大，则抽劲过大会使固体微粒钻进滤纸，堵住滤纸空隙，反而使过滤减速，当吸滤瓶里滤液面升至靠近支管时，立即停止吸滤，倒出滤液。停止吸滤时，应先卸下吸滤瓶和吸气之间的橡皮管，然后关闭水龙头，否则水可能倒灌入吸滤瓶内。为此，常在吸滤瓶和抽气泵间连接一个双口瓶（或大口瓶配双孔塞），既可缓冲气压，又可防止水倒流。洗涤沉淀时，可加入少量洗涤剂，使液面盖住沉淀，待溶液开始下滴时，开始抽气并尽量抽干，如此重复几次即可把沉淀洗净。如需要沉淀可取下漏斗，左手握住漏斗管，漏斗口朝下，用右手击左手，同时转动漏

---

① 石俊昌，许维波，关春华，等 . 无机化学实验 [M].2 版 . 北京：高等教育出版社，2004：45–49.

斗，使沉淀同滤纸一起落在洁净的纸片或表面皿上，抽去滤纸即可。

有些浓溶液在温度降低时就有溶质析出，而我们又不希望这些溶质在过滤时析出。因此有必要趁热过滤，而且在过滤时要保温，否则溶质颗粒析在滤纸上和漏瓶管内，过滤就难以顺利进行。加热过滤应用热滤漏斗，也叫作保温漏斗，这种漏斗用金属制成，具有夹层和侧管，夹层可以盛水八成满，而侧管可以用来加热。把常压过滤用的过滤器置于热漏斗中，当热漏斗里的水近沸腾时，把要过滤的热混合物倒入漏斗内进行过滤，如果过滤的时间较长，漏斗内水会减少，应及时增加热水。

另外，热过滤选用的玻璃漏斗，漏斗管越短越好，以免过滤时溶液在漏斗管内停留过久，因析出晶体而发生堵塞。如果要分离的混合物数量很少，而又要取其沉淀或溶液做性质实验时，可用离心机在离心试管中分离。使用手摇离心机分离时，如只分离一支试管的内容物，就要另取一支同样的离心试管，装入等量水，分别放入离心机相对的两个套管中，以保持平衡。然后慢慢启动离心机，均匀加速 $1 \sim 2\text{min}$ 后，停止摇动，任其慢慢自动停止，取出试管，用滴管吸取或倾出上层清液，即可达到固液分离的目的。要注意，使用手摇离心机时，不能用猛力启动，也不可强制快停，以免损坏离心机或发生危险。使用电动离心机时，先打在慢挡上，待均匀转动后，根据需要可再打在快挡上。需要停止时，关闭电源让其慢慢自动停止，切不可强行使其停止转动。

保证沉淀（或固体）的干燥是把含在沉淀中的微量水分除去，也属固液分离。常把盛沉淀的表面皿置于恒温干燥箱中烘干。也可把沉淀放在蒸发皿中，用微火烘干，但要注意控制好温度，以防沉淀在高温下变质，有些已干燥的固体药品，为了长时间保持干燥，可放在干燥器中。

蒸发就是在加热的条件下，使溶液蒸去溶剂，以提高浓度或析出溶质的一种操作。蒸发常用的仪器是蒸发皿，蒸发皿的规格以口径表示。蒸发操作应注意以下几点：加入蒸发皿的液体不应超过蒸发皿容器的 2/3；蒸发皿可放在三脚架或铁架台的铁圈上直接加热；为防止加热后液体飞溅，应不断用玻璃棒搅拌。接近蒸干前应停止加热。最后利用余热把少量溶剂蒸发完；缓慢蒸发或恒温蒸发，可用水浴、油浴加热；取下未冷却的蒸发皿时应把它放在石棉网上，不要直接放在铁架台等较冷的地方，以防蒸发皿骤冷炸裂。

结晶物质从溶液里析出的过程叫作结晶。加热溶液，由于溶剂蒸发而使其达到饱和，然后冷却下来，就有晶体析出。结晶操作应注意以下几点：冷却速度的快慢，直接影响晶体的大小，快速冷却结晶体小，缓慢冷却晶体大；饱和程度的大小，影响晶体的大小和形状。饱和程度大的溶液，结晶速度快，不但晶体小，而且形状不规则；饱和程度小的溶液，结晶速度慢，晶体大而规则；过饱和溶液形成后不易产生结晶，可采用加入"晶种"或用玻璃棒摩擦器壁或摇动容器等方法来诱导结晶；为提高纯度可进行重新结晶。

三、液液分离

(一) 分液是把两种互不混溶的液体分开的操作

分液要使用分液漏斗。分液漏斗有球形、筒形、梨形等多种，其规格用容积毫升数表示。漏斗口配有磨口玻璃塞。塞上有小孔或凹槽，只有转动玻璃塞让小孔与漏斗口壁上的小孔重合时，漏斗内外相通，压强相同，液体才能由漏斗管流下。分离液体时，先关闭活塞，把混合液加入漏斗，待两种液体分层、界面清晰时，打开活塞，这时比重较大的液体沿漏斗管流下，直到界面降至活塞时，关闭活塞，从而达到两液分离的目的。

蒸馏是根据各组分挥发性的不同以提取纯物质和分离混合物的一种方法。在化学实验和化工生产中经常采用实验室常压蒸馏装置，由蒸馏烧瓶、温度计、冷凝管、接引管（接液管）和锥形瓶等组成。蒸馏操作应注意以下几点：蒸馏烧瓶内液体的量，不得超过烧瓶球体容量的2/3，但也不能少于1/3；温度计应插入瓶中央部分，其水银球上限与支管下限在同一水平线上；烧杯支管应伸出塞子2~3cm，防止被蒸液体腐蚀塞子引入杂质；冷凝管由下端进水，上端出水，上端出水口向上使冷凝管内保持水满；接引管与冷凝管用塞子相连接，接引管下口伸入锥形瓶中，使其与大气相通；加热蒸馏烧瓶应垫石棉网，使之受热均匀；仪器的选择大小应合适，装配后应使仪器的轴线在同一平面内，以保持协调整齐，增加美感。

(二) 蒸馏操作

加料时，应通过漏斗，漏斗管应插入蒸馏烧瓶的支管口以下；加热前应先检查气密性，通入冷却水后再开始加热；若没有温度要求时，加热温度不宜太高；蒸馏至液体少于烧瓶球体容量的 1/3 时应停止加热；蒸馏结束时应先停火，再停水。拆卸仪器应与装置仪器的顺序相反，先拆下接收器，再卸下冷凝管，最后取下蒸馏烧瓶。

（三）分馏

通过加热把几种能够互相混溶而沸点不同的液体分开的方法叫作分馏。分馏是利用每种液体在一定压力下有固定的沸点而设计的。通过塞子与烧瓶连接，分馏柱的侧管与冷凝器相接，分馏柱上口插温度计，温度计的水银球则稍低于侧管口，分馏柱中分上下若干段，每段内都可进行蒸汽和液体的热量交换，使液体中低沸点物质汽化，蒸汽中的高沸点物质液化，所以，由烧瓶中上升的蒸汽，每上升一段即进行一次蒸馏，经过多次蒸馏，最后进入冷凝器的是纯的低沸点组分，当低沸点组分蒸馏完后，温度计指示沸点上升，则又可馏出较高沸点的组分。以此类推，最后留在瓶内的液体是较纯的最高沸点组分。

（四）萃取

利用不同物质在选定溶剂中溶解度的不同，以分离混合物的方法叫作萃取。用溶剂分离液体混合物叫液液萃取或溶剂萃取。习惯上萃取指液液萃取。例如，欲从溴水中萃取溴，可选汽油作为溶剂（萃取剂），因溴易溶于汽油，而水又难溶于汽油。操作时把分液漏斗活塞关闭再将溴水加进分液漏斗，再加入少量汽油，把漏斗上口的玻璃塞塞紧，左手握住活塞，右手压紧玻璃塞，倒转过来用力上下摇动几次，将分液漏斗放正，稍停，打开活塞，放出因摇动而产生的气体，最后由于汽油溴水充分接触，溴几乎全部溶于汽油。静止，待两种液体有明显界面时，分液除去下层的水，上层溴的汽油溶液从分液漏斗口倒出。让溶液中的汽油挥发掉（应回收），即得到溴。

四、气液分离

气液混合物是以液体为溶剂，气体为溶质的溶液，只要设法减小气体的溶解度，使其放出，即达到分离之目的。减小气体物质溶解度的方法有：

升高温度，使气体放出，此操作类似于蒸馏，只不过逸出的气体不需要冷凝收集；减小压强，使溶解的气体因外界压强减小而逸出；如果有的溶剂沸点也较低，或混合物易燃，则可进行低温减压蒸馏。

五、气气分离

气气分离，在实验室中通常是指对气体进行净化和干燥。净化气体的仪器是洗气瓶。洗气瓶中根据要净化的气体和洗去的气体的性质，选择适当的洗涤液 (不与要净化的气体反应，但能除去杂质气体)，装入的洗涤液要适量。要注意进出气管不要接反。如果气体里含有多种杂质，可在气体通路中连接若干洗气瓶，分别装有不同洗涤剂，气体通过后，逐一除去各种杂质气体。

气体的干燥实际也是净化，其杂质是水分，因此也可以用洗气瓶，用浓硫酸做干燥剂。另外还常用干燥塔和干燥管来干燥气体。干燥塔下端底座一侧有气体入口，底座上部有细颈。细颈上部供堆放大小适当的颗粒干燥剂，塔上部有气体出口。为了防止气体中有固体杂质混进干燥剂中，以及把干燥剂的细粒带进干燥后的气体中，在气体进出口处各塞一团脱脂棉或玻璃棉，以过滤掉固体尘粒。干燥剂的选择要注意，必须不与被干燥的气体发生反应。常用的固体干燥剂为碱石灰、无水氯化钙等。要在干燥管的单球或双球中盛放固体干燥剂，它的特点是使用方便。

六、温度计、比重计、干燥器、启普发生器

温度计可用来测量物体温度高低，在化学实验中一般用水银温度计。测量液体温度时用右手的拇指，食指和中指夹住温度计的顶端，把它插在液体里，勿使温度计的球部全部浸没在液体里，但勿与器壁接触。待温度不再变动时，读出读数。

测量加热液体温度，应把温度计用单孔塞固定在铁架台上，或悬挂在液体中，水银球应浸入液体，但要离开容器底约1cm。蒸馏时温度计应放置在烧瓶支管口处。

比重计是用来测量液体密度 (比重) 的仪器，也叫作波美比重计，一般分两类：用于测量密度大于1的液体称为重表，用于测量密度小于1的液体

称为轻表。比重计上有两套对应的刻度，一套表示比重，一套表示波美浓度（表示溶液浓度的一种方式，符号为"°"）。例如，在15°时，比重M4的浓硫酸的波美浓度是66°。溶液的波美浓度与百分浓度间有一定的关系，测得波美浓度后，就可以从表册中查得相应的百分浓度。测量密度时，在量筒等容器中注入待测液体，将干燥的比重计慢慢地放入液体中，以防打破比重计，比重计不能与筒壁接触，待稳定后读数，液体下面所显示的度数，即为液体比重。测量完毕后，用水将比重计冲洗干净，并用布擦干，放回比重计盒内。

干燥器是保持物品干燥的仪器。容器上沿磨口与盖子磨口上涂有凡士林，容器的底部盛放氯化钙或硅胶等干燥剂，中部有一个带孔的圆形瓷板，盛放干燥物的容器。

使用时应注意下列几点：搬动时，必须用两手的大拇指将盖子按住，以防滑落打碎；打开时，不应把盖子往上提，而应把盖子沿水平方向推动。盖子应翻过来放在桌子上，放入或取出物品后，必须将盖子立即盖好，盖时也应沿水平方向推移，使盖子与容器口密合；温度高的物体，必须待冷却至室温后，方可放入，否则，由于干燥器内气体膨胀，有可能将盖子冲起或冷却后又因器内形成负压使盖子难以打开；干燥剂用一段时间后，应加热脱水后，再继续使用。

启普发生器是一种使液体和固体发生反应产生气体的装置。使用方法为：漏气检查，在漏斗的磨口处和导气管旋塞上都要涂上凡士林，漏斗插入容器后，要慢慢转动，使之装配严密。容器球体上的橡皮塞和半球体上的磨口塞（抹凡士林旋紧）都要用耐酸的绳子勒紧、防止中途脱落。然后从漏斗口加水至充满半球体时，关闭导气管上的旋塞，继续加水至球形漏斗体积的一半时，停止加水。在水位处做记号，静置10min。若水平面未下降，证明不漏气，可供使用。

为防止固体小颗粒落入容器下部的半球体内（如果有固体落入下部，就会跟酸液发生反应。当导气管活塞关闭的时候，气体无法排出导致液体外溢），可用圆形橡皮片一块，在中央开一大孔，周围开若干小孔。把大孔套在漏斗管上，然后把漏斗插入容器，使橡皮片挡在容器球体和半球体间的通道上，使锌粒不致下落。

如果所用的液体与铜不起反应，也可用铜丝网代替橡皮薄片。如果通道缝隙不大，可用玻璃丝堵上。

填装固体试剂：取出漏斗，将仪器横放在桌上，把适当大小的固体试剂从容器口装入球形体内 (注意不能落入下部半球体内。如有落入，应重装)。

装入量以不超过球形容器的一半为度。插好漏斗，把容器竖起来，轻轻摇动，使固体试剂分布均匀。

注入液体试剂：液体试剂从漏斗口注入，操作手续与检查漏气时的加水方法相同，注意所加入的溶液，以能把固体试剂浸没为度，不必过多，否则，液体有可能从导气管冲出。

使用：旋开导气管活塞，液体试剂应从漏斗下降至容器的半球体，再由半球体经孔道上升至容器的球体与固体试剂发生反应，发生的气体从导管导出。关闭导气管活塞，液体从容器的球体下降入半球体，再上升入漏斗，这时液体跟固体分离，反应停止。

试剂的中途添换：当固体物质将近用完或者液体试剂的浓度稀时，应添加固体试剂或调换液体试剂。添加固体试剂时，应先把酸液压入漏斗，使锌和酸液脱离接触，然后用橡皮塞塞紧漏斗口，拔下安装导气管的塞子就可以把固体添加进去。添加完毕，塞上并缚紧塞子后，再取下漏斗口的橡皮塞，就可以继续使用了。

调换液体时，可以把发生器搁在废液缸上，然后小心取下半球体上的塞子，使液体流出。塞好塞子，再加液体。或用吸管从漏斗管内把废液吸出后，再加新液体。

另外应注意，移动启普发生器时，需用两手握住球形容器，切勿只握住上部球形漏斗，以免容器落地而打碎。

第三章 无机化学实验教学研究

第一节 实验流程与操作教学

化学是一门以实验为基础的学科，是通过不断实践发现问题、研究问题、解决问题建立起来的一门学科。学生则主要通过亲自动手实验，熟练掌握操作技能、技巧，及时记录、整理获取的实验现象及数据，撰写实验报告，把书本知识由微观变成宏观，由抽象变成具体，由无形变成有形，从而加深对所学知识的理解。

目前，学生一味强调书本理论知识的汲取，不太注重实验操作技能的提高，表现出实验动手能力较差，操作流程不够规范，安全意识不强等现象。笔者长期深入实验教学、科研一线，不断总结教学经验，在培养学生化学实验技能方面着重抓好以下几个环节，取得明显成效，获得师生好评。

无机化学实验是无机化学课程的重要组成部分，要很好地领会和掌握无机化学的基本理论和基础知识，就必须动手做一些实验。因此，实验在无机化学教学中占有极其重要的地位。

一、实验目的

通过实验，可以获得大量物质变化的感性认识，进一步熟悉元素及其化合物的重要性质和反应。巩固和加深理解课堂上讲授的基本理论和基础知识；通过各种实际操作，可以培养学生正确的掌握化学实验中物质的制备、分离、提纯、结晶、检验等基本操作方法和技能技巧；通过实验，可以培养学生严谨的科学态度，实事求是的工作作风，仔细、整洁的良好习惯，独立工作和科学思维的能力。

二、实验流程

(一) 预习

为了使实验获得良好的效果，实验前必须进行充分预习，特别是综合、设计性实验。预习的内容如下。

(1) 阅读实验教材、教科书和参考资料中的有关内容。

(2) 明确该实验的目的、实验用品、基本操作、实验原理、实验仪器及其操作方法。

(3) 熟悉实验的内容、步骤、操作过程和实验时应注意的事项，合理安排实验时间。

(4) 查阅有关教材、参考书、手册，获得该实验所需的有关化学反应方程式、常数及预期的实验结果，从理论上加以解决。

(5) 在预习的基础上，写好预习报告，方能进行实验。应准备专门的预习报告本，预习报告的格式可以参考实验报告格式示例或自己拟定，并在实践中不断加以改进。预习报告可作为实验时的记录本，要简明扼要、留有余地，实验步骤尽可能用表格、方框图、箭头等符号简明表示。

若发现学生预习不够充分，教师可让学生停止实验，要求其在掌握了实验内容之后再进行实验。

(二) 实验

根据实验教材上所规定的方法、步骤和试剂用量进行操作，实验中应做到以下几点。

(1) 按预习报告拟定的实验步骤独立操作，既要大胆，又要细心，仔细观察实验现象，认真测定实验数据，并及时、如实、详细地做好实验记录。

(2) 观察到的现象、测得的数据，要清楚地记录在专用的记录本 (或预习报告) 上。不用铅笔记录，也不要记在草稿纸或小纸片上。注意培养自己严谨的科学态度和实事求是的科学作风，不凭主观意愿删去自己认为不对的数据，不杜撰原始数据。原始数据不得涂改或用橡皮擦拭，如有记错可在原始数据上画一道杠，再在旁边写上正确值[1]。

（3）实验过程中要勤于思考，仔细分析，力争自己解决问题。若遇到疑难问题自己难以解决时，可查资料或请实验教师指导解答。

（4）如果发现实验现象和理论不符合，应首先尊重实验事实，在认真分析和检查其原因的同时，可以做对照实验、空白实验或自行设计的实验来核对，必要时应多次实验，从中得到有益的结论和科学思维的方法。

（5）在实验过程中应保持肃静，严格遵守实验室工作规则。

（三）实验后

实验后做好结束工作，包括清洗、整理好仪器、药品，清理实验台面，清扫实验室，检查水、电，关好门窗等。做完实验仅仅是完成实验的一半，更为重要的一半是分析实验现象，整理实验数据，把直接得到的感性认识提高到理性思维阶段。实验后要完成以下几点。

（1）认真、独立完成实验报告。对实验现象进行解释，写出反应式，得出结论，对实验数据进行处理（包括计算、作图、误差表示等）。

（2）分析产生误差的原因；对实验现象以及出现的一些问题进行讨论，敢于提出自己的见解；对实验提出改进意见或建议。

（3）回答问题。

（四）实验报告

做完实验后，学生应对实验现象进行解释并做出结论，或根据实验数据进行处理和计算，独立完成实验报告，交指导教师审阅。若有实验现象、解释、结论、数据、计算等不符合要求，或实验报告写得草率者，应重做实验或重写报告，实验报告是实验的总结，是表达实验成果的一种形式。书写实验报告是一项重要的基本技能训练，通过书写实验报告，学生可以熟悉撰写科研论文的基本格式，学会绘图制表的方法；学会应用有关理论知识和相关文献资料，对实验数据等进行整理分析，得出实验结论；培养学生独立思考、严谨求实的科学作风。实验报告的书写应做到：内容真实准确；结论明

---

[1] 高华寿，陈恒武，罗崇建. 分析化学实验 [M].3 版. 北京：高等教育出版社，2002：11-17.

确；文字简练通顺；字迹端正、整齐洁净；标点符号、外文缩写、单位度量等书写准确、规范。实验报告一般应包括下列几个部分。

(1) 实验人员院系、专业、班级、学号、组别、姓名、同组同学姓名 (若是两人合作完成的实验，应注明合作者)。

(2) 实验名称、实验日期。

(3) 实验目的应说明为什么要进行该项实验，拟解决什么问题，具有什么意义等。

(4) 实验原理要使用科学技术术语，简要地用文字或公式表述。原理叙述应正确、简洁、完整，不能简单地照抄教材。

(5) 实验设备、仪器和实验用品列出实验中所要使用的主要设备、仪器和材料 (包括名称、型号、规格等)。所用药品、试剂应注明其名称、规格、浓度等。

(6) 应清晰准确地写出实验步骤或过程，包括实验操作的方法和步骤、操作注意事项等内容。此外，还应清晰准确地写出实验数据的测量和观察到的现象及注意事项等。

实验现象要表达正确，数据记录要完整，绝不允许主观臆造，弄虚作假。根据实验的现象进行分析、解释，得出正确的结论，写出反应方程式；或根据记录的数据进行计算，并将计算结果与理论值比较，分析产生误差的原因。

(7) 实验结果与讨论分析实验结果的书写主要包括文字描述、绘图和制表等形式。文字描述要求使用科学而精练的语言对实验过程进行描述，注意不要使用口语化语言。绘图要求使用铅笔，应准备 2H (或 HB) 铅笔。绘图要求具有科学性，结构准确，比例正确，要有真实感、立体感，力求精细而美观；图面要整洁，绘图的线条要求光滑、匀称；应放在恰当位置。实验数据较多时，可用表格的形式给出处理结果。

针对实验中的现象、出现的问题或产生的误差等，学生应尽可能地结合本课程有关理论进行认真讨论和分析，提出自己的见解或体会，以提高自己的分析问题、解决问题的能力，为以后的初步科学研究奠定基础。实验结果分析是根据已知的理论知识对本实验结果进行实事求是、符合逻辑的分析推理，从而推导出正确的结论。如果实验出现非预期的结果，绝对不能舍弃或随意修改。要对"异常"的结果进行分析研究，找出出现"异常"结果的原因。有时，正是从某种"异常"的结果中发现新的有价值的知识，从而实现新的理论或新的学说，进而推动实验技术的改进的。

此外，还可对操作及实验结果中的难点和关键问题进行讨论，也可对实验方法、教学方法、实验内容等提出自己的意见，还可对书中列出的思考题给予解答等。

（8）结论应与实验目的相呼应。结论是从实验结果和讨论中归纳出概括性的判断，即是本次实验所能验证的理论的简要总结。实验结论不是实验结果的简单重复，不应罗列具体的结果，也不能随意推断和引申。如果实验结果未能说明问题，就不应勉强下结论。

对于设计性实验报告，除一般实验报告的基本内容外，应重点突出对实验方案的设计和实验方案实施过程中出现的问题的分析，进而对方案设计提出修正（每个人的实验原理、方法、所用实验条件和步骤应有所不同）。对实验结果与预期结果进行比较分析，提出自己的见解，总结自己的收获和体会。

对于综合性实验报告，除一般实验报告的基本内容外，重点突出对实验对象、问题和结果的分析，总结自己的收获、体会和建议。

实验报告的价值就在于用自己的话去表达所获得的感性认识，从而得出结论或规律。

只要我们严格遵循实验客观规律，认真掌握实验原理，规范实验操作流程，严把预习、操作、整理报告等环节，对提高学生实验动手操作能力大有裨益，同时也能提高学生的判断是非能力。

三、规范实验操作训练

目前，培养创新型人才已成为研究型大学教育的首要目标。国内很多重点学校，通过在实验课程中设置研究型实验等方式来提高学生的创新能力，并已取得较好的效果。某校的"分析化学实验"课程积极探索教学改革新思路，在将传统教学的单向知识传授向创新型教学转变等方面做了很多工作。该校研发了分析化学网络虚拟实验室，构建并实施了开放式的实验预约管理平台，同时开设了研究性和综合性的分析化学实验，这些工作对学生创新能力的培养和提高都起到了至关重要的作用。但是在授课过程中，我们发现这些改革虽然可以激发学生的潜能，提高他们分析问题和解决问题的能力，但是却忽视了对他们基本操作技能的培养和训练，也在一定程度上影响了他们创新能力的发挥。

从实验教学来看，由于无机化学实验课程是在一年级开设的，具有一定的启蒙性，要做好无机化学实验，完成无机化学实验教学的任务，教与学的双方都必须积极努力。

教师要发挥主导作用，必须明确教师不只是"宣讲员""裁判员"，更是肩负重任的"教练员"，是培养学生实验能力、启发学生思维发展的导师。教师在每个实验中要认真、负责、严格地要求学生。特别要重视实验工作能力的培养和基本操作的训练，并贯穿在各个具体实验之中。每个实验既要有完成具体实验内容的教学任务，又要有进行基本操作训练方面的要求。要看到实验教学对人才的培养是全面的，既有实验知识的传授，又有操作技能技巧的训练；既有逻辑思维的启发和引导，又有良好习惯、作风和科学工作方法的培养。因此，教师既要耐心、细致地言传身教，又要认真、严格地要求学生；既不能操之过急，包办代替，也不能不闻不问，任其自流。

应该注意的是，对于实验原理和实验内容等理论知识，教师不应讲得太多，应引导学生积极地去查阅有关资料，留下更多的时间加强学生基本技能的训练。对实验现象和实验结论，应让实验本身多讲话。通过实验研究获得更多的信息，然后整理信息使其条理化，从而得到科学的结论和规律。

学生还必须懂得无机化学实验的基本操作训练与实验能力的培养是高年级甚至是以后掌握新的实验技术的必备基础。对于每个实验，不仅要在原理上弄清、弄懂，还要在基本操作上进行严格的训练，要注意操作的规范化。即使是一个很小的操作也要按教师的要求一丝不苟地进行练习，不要怕麻烦，不要图省事。要明确，任何操作只能通过实践才能学会。一些重要的无机化学实验中必须掌握的操作要多次反复地练习，以达到熟练自如的程度。另外，要看到实验对自己的锻炼和培养是多方面的，要注意从各方面严格要求自己，如对实验方法、步骤的理解和掌握，对实验现象的观察和分析，就是在培养自己的科学思维和工作方法；又如桌面保持整洁，仪器存放有序，污物不能乱扔，就是培养自己从事科学实验的良好习惯和作风。不能认为这些是无关紧要的小事而不认真去做。

(一) 合理安排实验内容

无机化学实验是新生入校后的第一门实验课程，其实验操作水平参差不齐。因此，在实验顺序的安排上，尽量将同类型的实验排在一起，实验操作遵循从少到多、从简单到复杂。例如，性质实验→制备实验→测定实验→综合实验→设计实验。这样周而复始，循环往复，既可以保持操作的连续性和重复性，又可以达到使学生熟练规范操作的目的，从而提高学生综合实验的能力。

(二) 先演示后练习，讲练结合

将无机化学实验基本操作内容融入到具体的每个实验中。因此，实验操作前指导教师除借助相关的影像资料和展板给学生展示以外，还要进行具体的讲解和操作示范，重点在操作示范。操作示范时，指导教师要做到动作熟练准确、规范、有条不紊，这将对学生起到正确引导和潜移默化的作用。例如，在"溶液的配制"实验中，有移液管、容量瓶等操作，在演示移液管的操作时，指导教师着重强调用右手拿移液管，左手拿洗耳球，右手食指按住移液管上端口而不是大拇指，然后让学生用水反复练习，教师在一旁指导纠正，经指导教师检查，确认合格后，方可用药品试剂进行实验。这样能让学生从一开始就养成良好的操作习惯，同时也让学生明白科学规范的操作要领需要不断反复练习。

(三) 悉心指导，规范操作

在实验教学中，指导教师自始至终都要强调规范操作的必要性，同时要指出操作中常易犯错的地方。比如，学生实验时把滚烫的坩埚、蒸发皿直接放在桌面上，烫坏桌面；滴定操作时左手不控制流速，滴定过终点，导致实验结果错误等不规范的操作。指导教师要注意随堂巡视，悉心指导，观察学生的整个操作过程，发现问题及时纠错。让学生明白实验既要看现象、结果，也要注重规范操作过程，科学规范操作可确保实验中的安全和实验结果的准确性。

（四）加大操作考核力度

为了让学生科学规范操作真正落到实处，必须加大操作考核力度。实验操作考核规定每次实验操作占平时成绩30%；实验课程结束后，将整个实验操作内容进行操作考试，占期末成绩50%；另外，将具有代表性的实验操作抽出来对学生进行综合考核，教师不讲解也不示范，只给实验药品、材料和仪器，指导教师在一旁观察、记录，要求学生在规定的时间内完成实验并交出实验报告。主要考查有学生规范操作、细致观察能力；记录现象、归纳、综合、正确处理数据能力；语言表达实验结果能力等。通过多次实验操作考核，可以全面客观地评价学生的综合素质和操作技能。

第二节　实验守则教育教学

实验前要认真预习，写好预习笔记，实验时，不得高声谈笑，要集中注意力认真操作，不得擅自离开实验室去做别的事情。科学安排时间，做到实验时有条不紊，能够独立完成各项实验内容。虚心听取教师的指导，尊重实验室工作人员的劳动。

严格遵守安全守则。学生进实验室必须弄清水、电、煤气开关和通风设备，灭火器材、救护用品的配备情况和安放地点，并会正确使用。使用易燃、易爆或剧毒药品时，必须严格遵守操作规程，如遇意外事故，应立即报告教师，采取适当措施，妥善处理。

爱护实验室各种仪器设备，注意节约水、电和煤气。实验前先检查实验用品是否齐全，如发现仪器有破损或缺少，要填写领用单，经指导教师签署意见后领取。发给个人保管的仪器不得携出室外他用，公共器材用毕应立即放还原处。使用精密仪器时，必须严格按照操作规程，如发现异常或出现故障，应立即停止使用，并报告指导教师。

实验时应保证实验室和桌面清洁，待用仪器药品要摆放井然有序，装置要求规范、美观；废纸、火柴梗、碎玻璃等固体废物应丢入废物箱，不得随地乱扔或丢入水槽。实验完毕，应将仪器洗净，放入柜内，擦净桌面，洗净双手，关闭水、电、煤气闸门后方可离开实验室[1]。

值日生必须切实负责整理好公用仪器、药品，扫净地面，清理水槽和废液缸。离开实验室前应检查电源、煤气和水龙头是否关闭。

第三节 基础实验与设计性实验教学

一、基础实验教学

(一) 凝练教学内容

无机化学基础实验一般涵盖无机化学基础知识、基本化学原理、基本操作技能、无机化合物的制备以及元素化学等部分，该部分教学特点是难度低、涉及面广。无机化学基础实验部分开展的实验项目大都是一些验证性实验和经典实验，甚至有些实验是中学学过的实验，如阿伏伽德罗常数的测定、氢气的制备和铜相对原子质量的测定、各族元素单质及其化合物的性质，以及硫酸铜结晶水含量的测定等，这些实验所用的时间一般是3～4学时。对学生来说，虽然这些实验的结果都是他们已知的，但要想在如此短的时间内让学生们熟悉各种仪器的操作使用，掌握实验的原理和注意事项等，还是具有一定难度的。为了让学生能够很好地掌握这些原理和技能，教师只有向学生交代清楚实验的原理、步骤和仪器的操作方法。然而一些学生在实验时只是"照方抓药"完成实验，缺乏对实验过程的思考，甚至个别学生抄写实验报告。久而久之，学生的想象力和创新思维不仅未培养出来，还养成了不爱动脑、动手，应付学习的坏习惯。

最近几年，为了扭转上述不良局面，无机化学基础实验部分增加了应用性实验和综合性实验，而将一些验证性实验予以删除，同时将无机化学基础实验更名为基础化学或普通化学实验。这种做法虽然较好地训练了学生的综合实验能力，强化了学生对基础知识的掌握，但由于实验数量过多、时间过于集中，一些学生在学习过程中出现了厌学情绪，并且由于验证性实验的

---

[1] 高占先.普通高等教育"十一五"国家级规划教材.有机化学实验[M].4版.北京：高等教育出版社，1980：38-40.

减少，学生在实验过程中不易获得第一手实验数据，从而导致学生对无机化学的感性认识不足。

培养学生的创新意识和创新能力已成为国内外高等教育界的共识。知识是创新能力的载体，离开知识的能力是不存在的。大学本科教学必须使学生牢固掌握化学基础知识和基本实验技能。为此，我们在多年的教学实践中，多次调整教学内容，删去与中学物理和化学课程相互重叠的部分，节省的学时用于加强化学基础知识的系统化教学。

在教学内容方面，注意将现代理论渗透到经典理论中，处理好经典与现代的关系。如在化学键能理论中讲授氢键时，告诉学生虽然氢键键能不大，但在超分子组装中却有着重要作用，进而简单介绍超分子概念和相关实例。书本中氢键的实例仅限于氟、氧、氮与氢原子之间的作用，借助本课程组教师合成的有机物及其配合物单晶结构立体图和数据，展示硫、卤素原子与氢原子也能形成多种非经典氢键，深化学生对氢键的理解和认识。在讲授元素化学中的碳单质时，引入足球烯 C60 的结构，介绍原子团簇的概念。通过实例分析和深入浅出的讲解，让学生了解无机化学的前沿和最新研究成果，满足学生的好奇心，拓宽他们的知识面。在讲解无机化合物特别是无机纳米材料的制备时，向学生介绍物质的表征与研究方法，如红外线、紫外线、元素分析、XRD、NMR、光电子能谱等大型仪器在物质表征及物性测试中的作用。这么做的目的是引导学生在学习过程中了解学科发展的前沿和动态，体会到基础知识与科学研究的辩证关系，增强理论联系实际的能力。在教师的引导和启发下，变被动接受为主动学习，在潜移默化中受到创新能力和科学素质的培养。

(二) 重视实验感官认识

元素化学实验是元素化学的重要基础，该部分实验一般于化学原理理论部分授课后开设。通过开展元素化学实验，我们可以培养学生对化学实验的观察能力，增强其对化学的感性认识，因此，元素化学实验极其重要。在具体教学时，我们要先让学生对实验进行预习，并预测实验中会出现的现象和应有的结果。在实验过程中，要指导学生全面、认真地观察现象，如实记录实验现象和数据，对实验结果做出自己的判断。如化学实验的产物是如何存在的，是溶解于溶液中还是表现为沉淀，产物的颜色是什么样的。如果仅靠教材的描述，缺乏实际的观察，是无法辨别的，只有学生自己细细观察，逐步积累经验，才能有所收获。在开展元素化学实验时，我们可以在初期引导学生结合理论分析实验的要求、条件，得出实验的结论，然后再逐步要求学生设计实验的步骤，验证化合物的性质①。可以说，开展元素化学实验，既能够增强学生对理论知识的理解，又可以避免学生只动手不动脑地机械实验，还可以促使学生养成认真观察、尊重科学事实的治学作风，尤其是实验结果异常时，更能激发学生探索化学世界的热情，从而有力地提升学生分析问题、解决问题的能力。

（三）实验教学改革

长期以来，实验教学课程体系以各自的理论课程为主线设置，内容重复多，教学效率低，难以适应学科综合发展和交叉渗透对人才思维方式综合化、多样化培养的要求；教学内容以验证性实验为主，难以激发学生探索化学现象的兴趣，更难激活学生的创新思维。

1.实验教学：基础、综合、创新三位一体

加强基础技能训练。将基本操作和基本实验作为重要部分，通过操作和基本实验的训练，培养学生的实验动手能力，规范学生的基本操作，形成求实的科学作风、严谨的科学态度与良好的实验习惯。

重视综合能力训练。在基本操作和基本实验的基础上，开设4~6个研究性与设计性实验，为学生提供创造性学习的空间，培养学生进一步获取知识的能力和创新思维的习惯。

培养开拓创新精神与增强社会责任感。在实验教学过程中强化绿色化学和环境保护的意识，介绍化学电源及电池的回收利用，介绍酸雨、水体富营养化与化学的关系，鼓励学生参与社会调查与创新实验。使每个学生明白，化学工作者在创造新物质的同时还担负着保护环境的责任。

2.注重实验的实用性与趣味性

在实验教学过程中，不仅要注意将理论与实际相结合，还要注意将化

---

① 巴哈提古丽、陈慧英、李转秀.绿色化无机化学实验教学探索 [J].中央民族大学学报，2010，19（3）：86-89.

学知识与生命科学、环境科学和材料科学相联系。在基本操作训练的基础上，设置趣味性实验，如蔬菜、水果中维生素C的测定，大豆中钙、镁、铁的测定。强调环境与化学的关系，讲解大气的污染与治理、水体污染与处理方法，培养学生的环保理念。设置水质检测实验，如水中化学耗氧量的测定；介绍纳米材料的制备与表征方法，设置无机材料的制备实验，如纳米氧化锌粉体的合成与表征；介绍生物无机化学的作用和意义，提出"化学元素与人体健康""水体污染与化学处理""Zn-Mn干电池的回收利用"等主题，调动学生的主观能动性和潜能，指导学生查找资料并且制作PPT，开展专题讨论。引导学生将课堂上所学的知识与自己周围的生活环境、当今社会的热点问题联系起来，培养学生理论联系实际的习惯，提高其运用知识解决实际问题的能力。

3. 科研成果转化为实验教学

我们将科研成果及学科发展动态引入课堂教学和实验教学，激发了学生的学习兴趣和潜能。同时，通过引导学生进行科学思考，鼓励学生积极参与科研实践，从而调动了学生的学习积极性和主动性，取得了良好的教学效果，达到了人才培养的目的。

（1）化学振荡反应。将化学振荡反应引入基础实验教学，介绍非平衡态和耗散结构理论。增加硝酸铈－丙二酸－溴酸钾体系的化学振荡反应实验，讨论溶液颜色变化与物质浓度的关系、氧化还原反应的可能性与现实性。在此基础上，结合我们的科研工作，展示多氮杂大环配合物在生命体系中参与化学振荡反应的实例。告诉学生，生命体系中存在许多振荡反应，研究这类生物无机配合物催化的振荡反应，对模拟生物体系中的化学振荡，探索生命奥秘有重大意义。进而，在综合实验中开设金属大环配合物的合成及其参与化学振荡反应的实验，拓宽学生的视野，培养、锻炼学生的科研思维与科研能力。

（2）光催化降解有机污染物。依据课程组的科研成果，将TiO_2的制备及其光催化降解有机污染物作为综合实验，激发了学生的积极性和创造热情。在实验工作的基础上，组织学生查找资料并展开讨论TiO_2作为催化剂在光催化降解有机污染物时的优缺点，进而提出新的问题：如何进一步提高TiO_2的催化效率？或者如何改善TiO_2的结构性能？以此激发学生的创新思维和潜能。建议他们查找资料、实验探索，努力自己解决问题。最后，通过充分的开放式讨论，在学生大量工作的基础上，告诉他们掺杂是改进材料性能的重要方法之一，并鼓励学生积极实践，参与教师的相关科研课题。

（3）无机化合物的结构控制合成与表征。综合化学实验是将基础化学的理论知识和各种实验技能及方法加以归纳、分析、互相渗透的一种有效实验形式，目的是培养学生的综合实验能力。根据多年的科研实践和教学经验，课程组将三氧化钼的物相控制合成与结构表征设置为高年级的综合化学实验。通过简单的化学沉淀和水热处理，获得热力学稳定的正交性和介稳的六方相三氧化钼，将合成产物进行 X 射线衍射、扫描电镜、红外光谱、热重 - 差热分析，使学生学会化合物结构表征和相态判断的方法。在此基础上，开展问题大讨论：① MoO_3 存在哪几种物相？其结构各有什么特征？②不同物相的 MoO_3 之间能否发生相态转化，如何通过实验进行验证？③物质的结构决定其性质。六方相和正交相 MoO_3 的性质存在差异，通常哪种结构更活泼？设计实验方案检验学生的推断。④根据实验步骤和实验现象，讨论本实验中 $h-MoO_3$ 微米棒可能的形成机理。⑤改变反应原料或反应条件，是否可以获得同样结果？学生以 3～5 人的小组为单位，设计实验方案，探讨合成产物物相和形貌的成因及可能的机理。通过本综合实验，既可巩固学生课堂所学的理论基础知识，使其了解材料制备与测试的基本方法，又培养学生对科研工作的兴趣，同时为学生参与创新实验和日后参与科研工作奠定基础。

（四）学生能力培养

实验教学改革是我国学校教学改革的重要内容之一，21 世纪高等学校的实验教学强调通过实验课程培养学生的科学创新能力、独立思维与研究能力，提升学生的综合素质。自主学习能力的培养是开发学生创新思维、增强独立研究能力、培养终身学习能力的基础，基础无机化学实验是化学专业及相关专业的学生进入大学后开设的第一门实验课，如何通过实验教学中的各个环节培养学生的自主学习意识和自主学习能力，需要我们认真研究。

刚进入大学的学生，学习方法和思维方式还停留在"高中生"阶段，在学习上对教师过分依赖，自学意识较差，自学能力较弱，急需培养；同时，他们的实验基础知识和操作技能薄弱，甚至对一些常规玻璃仪器都不曾了解，若教师操之过急，实验时容易出现安全事故。我们在充分考虑了实验教学对象特殊性的基础上，针对基础无机化学实验教学中出现的一些问题，通过走访实验指导教师和学生，采用访谈、问卷等方式掌握第一手资料；采用观察法、比较法、综合法对教学的各个环节进行分析、归纳、总结，提出解决方案，及时实践，优化教学设计，从各个环节入手，引导学生树立自主学习的意识，培养学生独立于教师和课堂的自主学习能力，以适应瞬息万变的社会需求。

1. 课前预习环节

课前预习是学生对新知识的自我准备，是培养学生自主学习能力的一个重要环节。开课之前，指导教师会将本学期的实验安排提前发放给学生，提出预习要求，包括理解实验原理，熟悉实验步骤，思考实验步骤中控制合成条件或测定条件（如温度、浓度、pH 值、反应时间等）的原因，并书写预习报告。

通过教学实践，我们发现，影响学生课前预习效果的主要因素有两个：①学习态度。刚进入大学的学生应试经验丰富，学习方法和思维方式还停留在为应考而学习的高中阶段，学生认为预不预习跟实验课程的最终考核没有关系，没有认识到预习的重要性，所以预习只是简单写一下预习报告，以应付教师的检查。②学习方法。尽管教师提出了预习要求，但是在"高中生"到"大学生"角色转变初期，还是有较多学生反映不知道怎样预习。因此，需要强化教师在课前预习中的引导作用。

针对学生不愿预习的问题，教师宜采取现场引导学生预习、现场检验的方式，让学生体会到预习的重要性。针对学生不会预习的问题，教师改变教学方法，将实验的重难点通过提要求、设问题引出，让学生自己查阅资料，通过讨论，自主解决问题。

不同类型的实验，对学生实验技能培养的侧重点也不同，教师根据教学目标，对学生提出的预习要求也不同。例如，制备实验中的三草酸合铁酸钾的制备侧重培养学生的实验操作技能以及学生对制备条件的选择、控制与理解，为学生将来自主设计合成路线打下基础，实验预习要求如下。

（1）通过绘制流程图，熟悉三草酸合铁酸钾的整个制备过程，写出相应步骤的化学反应方程式。

(2) 归纳每个步骤的特点或作用。①草酸亚铁的制备——沉淀反应 (得到纯净的亚铁盐); ② $Fe^{2+} \rightarrow Fe^{3+}$——氧化还原反应 (得到三价铁); ③ Fe^{3+} 与草酸根离子配位——配位反应 (得到目标产物)。

(3) 加入 8 mL 草酸后, 溶液没有变为绿色的原因可能是什么?

(4) 三草酸合铁酸钾的溶解性如何?

(5) 本实验通过什么方法将目标产物从溶液中分离出来?

(6) 解答教材上的课后思考题。

测定实验中的化学反应速率和活化能的测定两个实验, 重在培养学生的数据处理能力, 使学生通过实践进一步加深对相关化学理论知识的理解, 指导教师主要从实验原理的角度对学生提出预习要求。有些测定实验涉及测试装置的设计和搭建, 如量气法测定镁的摩尔质量, 指导教师将这个实验的预习工作安排在实验室进行, 在前一次实验课结束后, 用 10～15min, 引导学生在理解实验原理的基础上, 尝试设计并搭建测试装置, 对在搭建过程中出现的问题进行讨论, 让学生回去后对照教材上的装置图做进一步思考, 这会取得很好的预习效果。有些测定实验, 如磺基水杨酸合铁 (Ⅲ) 配合物的组成及稳定常数的测定、pH 法测定醋酸电离常数等, 涉及分光光度计、酸度计等仪器设备的操作, 指导教师会在课前告诉学生实验室所使用的分光光度计、酸度计等相关仪器的型号, 引导学生在网上查找仪器的操作视频, 利用各种资源自主学习, 拓宽学生自主学习的途径。

实践证明, 在无机化学基础实验教学初期, 通过强化教师在课前预习中的引导作用, 既能促使学生较快适应大学的学习方法, 又能有效培养学生自主学习的能力, 在基础无机化学实验教学后期, 学生已无须教师的引导就能很好地完成预习。

2. 课堂教学环节

实验的课堂教学采取讲授、演示和讨论相结合的方式。在基础无机化学实验教学初期, 学生的相关理论知识滞后, 尚未掌握仪器的规范操作和数据处理等基本技能, 此时的课堂教学以讲授为主。例如, 硫酸亚铁铵的制备实验囊括了称量、试剂的取用、量筒的使用、pH 试纸的使用、倾析法、常压过滤、减压过滤、水浴加热、蒸发浓缩、结晶和沉淀的洗涤等十几种基本操作，并涉及复盐制备的基本原理。讲授之前，采取讨论法检查学生的预习效果，如请学生当堂解答几个小问题，或是请学生现场演示某个指定操作，如用倾析法进行固液分离，或是演示常压过滤的操作，将评判权交给在场学生，让学生自由、大胆地表达自己的见解，营造一个民主平等的学习氛围，使学生在愉悦的课堂氛围中体验到学习的乐趣。接下来，教师对实验原理、实验中的注意事项、数据记录和数据处理方法等内容进行讲解，对新的实验操作进行规范演示，面对面、手把手地传授实验技能，学生更容易接受。在学生实际操作过程中，指导教师在实验室来回巡视，发现学生的不规范操作及时纠正，严格要求操作的规范性；对实验过程中出现的反常现象和反常数据等问题，鼓励和引导学生自己分析、解决，照顾到实验室中每个学生，让学生感受到教师对他的关注，激发学生的学习内动力。实验完成后，指导教师针对出现频率较高的、不规范的操作再次予以纠正，引导学生围绕实验的重难点，结合自身体会相互交流。

在无机化学基础实验教学中后期，学生已具备了一定的理论知识，掌握了相关基本操作，此时，我们调整教学方式，选取三个实验——硝酸钾的制备与提纯、粗食盐的提纯、cis- 二甘氨酸合铜的制备。进行翻转式课堂教学，让学生变身为"小老师"，将课堂交给学生。将一个教学班的学生分为三组，抽签决定讲课内容，以小组为单位集体备课，每组推选一个代表担任教师的角色，进行课堂讲授、演示和组织讨论，指导教师在学生准备的过程中通过交流平台给予学生及时的指导。学生在课前准备、课堂讲授、演示和讨论过程中，很容易发现自己在理论和实验技能方面的不足，促使自己更加积极主动地获取知识，这能有效激发学生自主学习的内在动力，同时，他们的组织能力、表达能力、分析问题、解决问题的能力均得到了明显的提升。学生在课堂上得到信任，获得较大自主权，能有效促使他们在教学活动中自主探索、思考，做到既"乐学"又"善学"。

3. 课后归纳、拓展环节

实验课结束后，每个学生独立完成实验报告，并在问题与讨论栏中写下课后反思，对所学知识进行回顾、归纳与沉淀，教师引导学生对整个学习过程进行再认识和再思考，在学习过程中学会自我监控、自我调节，提高学生自主学习的能力。

课后拓展则要求学生用学过的实验技术或方法解决类似问题，实际上是考查学生对所学知识的灵活应用能力，帮助学生搭建理论知识和实际应用之间的桥梁。例如，在完成了量气法测定镁的摩尔质量的实验后，通过提问或书面回答的方式，要求学生设计实验锌铝合金组成测定；在完成了实验由废铁屑制备硫酸亚铁铵后，要求学生设计实验由废铝制备明矾。让学生体会到运用所学知识解决实际问题的乐趣，树立独立解决问题的自信心，体验学习的愉悦。

科技的飞速发展，使得个人的知识架构和相关技能需要不断调整和更新，以适应社会的需要，而自主学习能力是使一个人的知识不断拓展和更新的基本保证，是使其在社会上生存和发展必不可少的条件。因此，对于学生来说，如果不具备终身学习的能力，将很难适应社会的需要。

我们将"培养学生自主学习能力"的教学目标融入无机化学基础实验教学过程中，充分利用教学过程中的课前预习、课堂讲授与指导、课后归纳总结、拓展等环节，灵活采用多种教学方式，既提升了学生的自主学习意识，又有效提高了学生的自主学习能力，为学生在整个大学阶段的学习奠定了良好的基础。

二、设计性实验

（一）具体操作方案

1. 设计性实验题目的确立

教师审批完学生的实验改进方案后，由学生严格遵守实验室的各项规章制度按照自己所设计的实验步骤操作，并记录实验中出现的实验现象及各项数据。

2. 设计性实验内容的确定

学生通过查阅相关资料对已经确立的实验题目进行研究，对实验的内容进行改良、改进、改革。通过对实验方案的改进，使学生寻找实验改革和科学研究的切入点，带领学生进入一个自由想象、自由探索、自由研究的空间，让学生充分展现自己的才能，让他们感到既新奇又有压力，从而激发他们的学习兴趣。

3.设计实验具体操作步骤

无机化学实验是大学一年级新生进校以来开设的第一门基础实验课，在培养学生的动手操作能力、研究能力以及解决实际问题的能力等方面都有着很重要的作用。同时作为化学各专业中最为基础的实验课也为后续的实验课打下了坚实的基础。

4.设计性实验数据的处理

学生根据在实验中记录的数据进行数据分析，分析实验结果以及总结在实验中遇到的影响因素，最后按照正确的格式书写实验报告。

5.设计性实验结束后的交流

学生做完实验后将自己的实验结果与大家一起分享并听取其他同学的意见，然后进一步改进方案，使实验更加完善。在交流的过程中学生间可以互相交流、互相学习，这不仅营造了很好的学习氛围，同时还拓宽了学生的思路和眼界。

6.设计性实验课时的安排

不同的设计性实验所用的时间是不同的，所以设计性实验要安排在开放的实验室中进行，可根据实验的要求和学生的时间安排来确定实验的时间。

设计性实验是实验教学的较高层次，它是以学生为主体的实验教学模式，是一种很好的教学方法，也是一种培养21世纪所需复合型创新型人才的有效途径。要充分调动学生自主学习的积极性，切实提高学生的综合素质，充分发挥他们的潜质，努力把他们培养成既具有科学素质又适应社会需要的综合型人才。

(二) 设计性实验的组织与实施

1.设计性实验的含义

所谓设计性实验，是指以3~5名学生组成的小组为单位，根据指导教师给定的实验目的和要求，运用课本知识和已掌握的技能，根据已有的实验仪器和药品，查阅参考资料，自主设计实验方案，拟定实验的具体步骤，并按照实验步骤在规定的时间内完成所设计的实验。做完实验后，学生能够独立对记录的实验数据进行处理，对实验结果进行分析，并以小论文的形式完成实验报告。

2.设计性实验的教学组织

(1)设计性实验的开设方式

时间安排在一年级下学期末，学生基本的验证性实验已经完成，这时可布置设计性实验课题。设计性实验上课时数为5周，约15课时。如果过早安排设计性实验，学生还未掌握基本的实验技能，会感到无从下手，进而丧失对实验的兴趣。如果太晚安排，由于临近期末，学生忙于复习功课，将会增加学生的学习负担，学生会无心实验，草草了事。

(2)设计性实验的教学过程

传统的无机化学实验教学是一个"按部就班""照方抓药"的操作过程。在整个教学过程中，学生处于从属的、被动的地位，不需要进行主动思维和创新。处于绝对主导地位的是教师。"教师指导、学生实验"，按部就班地进行。学生就像提线木偶一般，根本没有发挥其潜能的机会。师生之间的交流无非就是停留在实验操作是否正确、实验是否有明显的现象等。

在实验内容安排上，基础实验与设计性实验的比例为3∶1。在大一上学期大部分无机化学实验基本操作已经学完，学生对有关理论基础知识和实验操作技能基本掌握，在此基础上开展设计性实验。设计性实验可以分3个层次，由低到高依次为：①基本的设计性实验。如硫酸亚铁铵的制备，混合碱中各组分含量的测定，鲜牛奶酸度及钙含量的测定等。②综合的设计性实验。与基本的设计性实验相比，综合的设计性实验会进一步提高学生实验基础和基本技能，如常用的消毒剂成分——高锰酸钾的制备及纯度分析。在这些实验中，学生综合应用无机合成基础知识，提高了学生发现问题、分析问题和解决问题的能力。③创新的设计性实验。这类实验属于较高层次的设计性实验，是为培养学生创新能力而开设的，可选择的实验题目有的是学生自己发现和感兴趣的题目，有的是从科研课题转化而来，实验时间一般是2周，如三草酸合铁(Ⅲ)酸钾的制备及表征。

"最有成就的实验家常常是这样的人，他们事先对课题加以周密思考，并将课题分成若干关键问题，然后精心设计为这些问题提供答案的实验。"教师在指导学生设计实验方案时要遵循科学性、可行性、安全性和简约性的原则。在安全第一的前提下，要保证实验原理与所学有关的理论知识高度一致；

结合学校实验室具体情况，采用简装的实验装置，用较少的实验步骤和实验药品，在较短的时间内来完成实验。一个完整的设计方案应该包括实验目的、实验原理、试剂及仪器、实验步骤和实验结果等方面。在选定设计性实验项目后，要求学生根据任务，以小组为单位充分查阅相关资料，选择实验模型，自行推证有关理论，确定实验方法，选择配套仪器设备，设计好实验步骤和数据处理方法。最后，把以上的过程用书面形式表达清楚，这就是设计性实验方案。实验方案要在实验前 2~3 周交给教师审阅、修改、完善。对于同一个实验题目，学生会设计出多种不同的实验方案，到底采用哪种方案，需要教师认真审查，充分肯定那些科学性强，设计合理，有较短的实验路线，成本又低，获得的产品易分离提纯的实验方案；而对于那些设计方案科学性不强，甚至存在明显缺陷的方案，与学生要及时沟通，进行指导，在理论知识方面帮助他们改进、完善他们的设计方案。

学生根据确定的实验设计方案，首先要进行实验前准备工作（包括试剂的配制、实验器具和实验材料的准备），然后按照实验设计的方法步骤，完成实验，并做好实验记录。进行实验操作的时间 3~4 周。如果在实验过程中遇到反常的现象和问题，先由学生自己思考，教师引导、启发学生认真观察、发现问题，做好记录。

实验报告以论文的形式写作，内容包括摘要、关键词、前言、材料与方法、实验结果与分析（或讨论）、参考文献等几部分。按照科研论文的要求和格式书写完成的实验报告，要制成 PPT 的格式，并于规定的时间内上交报告。对于在设计性实验中有创新的同学，可将其实验报告向相关的刊物投稿，从而锻炼学生的科研能力和论文写作能力，为毕业论文写作以及今后所从事科研工作打下坚实的基础。

设计性实验突出自主设计方法的多样性、可操作性及创新性，为了保证这项教学工作能顺利完成，除做好必须的准备外，有必要制定无机及分析化学设计性实验的评分标准。设计性实验评分以 100 分计，可以从实验方案的拟订、实验方案的实施和完善、实验报告书写的规范性等环节考查。

实验方案的拟订。考查包括设计性实验目的是否明确（5 分），方案原理正确与否、论证是否充分（25 分），实验所需仪器及试剂是否齐全、试剂的配制方法是否正确（10 分），实验步骤是否合理（15 分）等几个方面。实验方案的实施和完善。主要考查条件实验是否充分（10分）；实验方案的验证方法是否正确（10分）；实验方案是否合理，实验现象、数据记录是否准确、规范，结果是否准确（25分）等。无机化学设计性实验的目的是启发学生的探索与创新精神，鼓励学生大胆尝试，注重培养学生的创新意识和独立工作能力。因此，设计性实验评分不应过分看重实验结果，而应更为看重学生的设计思路和实验过程。实验报告书写的规范性。主要考查学生报告的书写是否规范、简洁、整洁，查阅文献是否详细列出。通过参考文献可以了解学生的准备工作，进而考查其查阅文献的能力。学生应将实验目的、原理、实验过程、数据记录及结果等进行分析总结。

（三）设计性实验的作用

1. 在设计性实验中培养学生的自主学习能力

设计性实验是学生根据兴趣自己设计的实验，容易激发其学习兴趣和积极性，他们更愿意主动地去查阅资料、了解自己在实验中所涉及的知识、基本操作等。这有利于自己发现问题并解决问题，进而从被动学习到主动学习。

2. 在设计性实验中培养学生的创新能力

在设计性实验中学生会遇到各种各样的问题，所以需要学生对所遇到的问题进行分析判断，具体问题具体分析，以往是学生有问题就找教师，在设计性实验的过程中要求学生自己解决问题，以提高学生对问题的分析判断能力。同时对于设计性实验的设计，学生要充分发挥自己的才智对实验进行改进和设计，这需要学生具有一定的创新能力，并对整个实验有整体的把握。

3. 在设计性实验中培养学生的综合思维能力和实践能力

在设计性实验具体方案的实施过程中，是以学生为主体的，在实验过程中遇到的问题要自己解决，在解决的过程中学生要对问题进行分析、思考、判断并反复实践，这有效地提升了学生的综合思维能力和实践能力。

4. 在设计性实验中培养学生的团队协作精神

在设计性实验的整个过程中，一般是以3~5人为一个小组进行实验，在前期的准备工作中需要大家齐心合力来完成，通过合作，提高学生的团队协作意识，增强整体的凝聚力。

第四节　综合探究设计实验教学

无机及分析化学实验是一门重要的基础实验课程，是近代化专业的必修课程，对于学生掌握基本的化学知识、实验技能，培养学生的综合能力和创新精神，以及科研能力的初步形成都起着重要的作用。随着科学技术的发展，对学生的理论与实践结合能力的要求也在不断提高，这就要求学生不仅要有大量理论知识的储备，而且要能够掌握理论知识在实践中的综合应用，包括实践中实验方案的设计、实验过程的准备、实践过程中分析问题和解决问题的综合能力的培养。因此，在大一的基础化学实验教学过程中，综合设计性实验的开设与教学就显得尤为重要。

一、存在的问题

（一）预习流于形式

综合性实验一般内容较多，又多安排在第三学年进行，这个阶段学生专业选修课程较多，必修课实验多，实验时间又大都在周末进行，客观上学生时间紧，主观上学生对实验不够重视，造成学生疲于应付，预习报告多数抄讲义或互相抄写，使预习流于形式，未起到应有的作用。

（二）学生知识难以巩固

综合性实验课操作时间长，实验步骤多，再加上学生重视程度不够，只是"照方抓药"完成实验，对实验中每步操作的目的及产生的现象，缺乏深刻的剖析和讨论，未能留下深刻的印象，实验一结束就基本遗忘，知识难以巩固、内化。

（三）教师重复于烦琐的知识讲解

由于学生预习不到位，教师不得不重复烦琐的知识讲解和实验操作演示，既浪费实验课堂的宝贵时间，又耗费教师的精力，同时，对于预习好的同学也是一种无用功，难以实现因材施教。

二、实验的设计与要求

化学是一门实验性很强的学科。通常的化学实验主要有演示实验和学生分组实验。无机化学综合实验就是在学生具有一定的理论知识和基本实验技能基础上开设的。其目的是激发学生学习兴趣、培养学生良好的创新思维习惯和能力，全面训练和提高学生的基本操作能力，养成良好的实验工作习惯，为以后的学习和工作打下坚实的基础[①]。因此，综合实验内容的选取、实验场所的安排、学生的分组、实验过程的指导、实验总结与考核等都关系到实验的成败。

（一）实验内容的选取

实验内容选取上以训练学生基本操作技能和培养素质能力为主线，本着"实用为主，够用为度，应用为本"的原则，对内容采取优化组合，选择实用性较强、操作较为简便又具有一定代表性的实验项目，以利于激发学生学习兴趣和动手操作的积极性。

1.化学实验基本操作技能的训练

基本技能操作训练主要是锻炼学生的基本实验操作技能，如对常用实验仪器的选择及使用方法、化学试剂的取用方法、滴定、加热、溶解、搅拌、沉淀、洗涤、过滤、蒸发、干燥等的基本操作。

2.学生自行设计实验

学生设计实验是根据实验课题所提出的要求，发挥学生的主观能动性和积极性，让学生运用所学过的无机化学知识和基本技能，分析问题、寻找解决问题的方法以及选择恰当的实验方案，具体操作实践中整个过程都要学生自己完成。改变那种"照方抓药"式的实验老方法，培养学生综合分析问题、解决问题的能力。

[①] 李红喜，郎建平.无机化学实验教学改革的探索与实践[J].苏州大学学报，2011，27（4）：92-94.

3.趣味实验

设计试验选题要来源于日常生活，因为这类选题趣味性浓，实验科学性强，实用性大，操作简便，时间短，效果好。可以激发学生的学习兴趣，使学生在轻松愉快的实验环境中体会化学知识在日常生活中的意义。例如，检验含碘食盐的碘、从水果中提取酸碱指示剂等实验，都是趣味性强又与生活实际联系紧密的小实验。

(二) 实验时间、场所与学生分组

1.实验时间安排

周一：教师讲解有关实验内容与要求，学生阅读实验内容，明确实验目的、原理、操作方法及注意事项，对自行设计实验提出试验方案并由指导教师审阅。

周二~周五：实验内容的实施，学生在 3 个实验室内循环进行实验。

周六：实验总结。

2.实验场所的安排

实验场所可根据实验内容安排在不同的实验室，让学生有自行设计、自行安排实验时间的空间。

3.学生分组

学生分组可以根据具体情况，2 人一组或 3 人一组。

(三) 实验实施

实验操作过程要求每个学生认真操作，仔细观察，积极思考，尊重实验事实并将观察到的实验现象、实验数据如实地记录下来。每个实验室都要配有一名实验指导教师，随时观察和指导学生在实验操作过程中遇到的问题。

(四) 实验总结与考核

1.实验总结

实验结束后开展实验结果总结报告讨论会，由学生报告实验进行情况和实验结果，谈谈实验体会、实验中遇到的问题及解决的办法。

2. 实验考核

实验考核主要有三项,一是实验过程中的跟踪考核。这一项考核是在学生的实验过程中由实验教师的跟踪考核,主要观察学生的实际操作能力,如试剂的取用、仪器的使用,实验现象的观察记录、实验终点的判断等。可在学生不知情的情况下考核,也可以抽取某一项实验步骤由学生操作演示。此项考核有较强的随机性和真实性。

二是实验结果与实验产品的比较。此项考核由实验教师与学生互动进行考核。先由学生汇报自己的实验结果或展示自己的实验产品,然后同学之间对汇报结果和产品展开评比与讨论,最后由教师和学生共同给每个实验小组评定成绩。此项考核对每个学生都比较公正。

三是实验报告。实验完全结束后要认真总结、分析实验现象,整理有关数据和资料,做出结论。酸碱滴定要算出所标定的酸碱浓度;粗硫酸铜提纯要计算产品产率、纯度检验结果并描述产品的表现特征;设计实验要求写出设计方案及实验检验结果;对实验中出现的问题要加以讨论并提出对实验的改进意见或建议。在总结整理的基础上撰写出规范、准确与完整的实验报告。

由于无机化学综合实验设计从内容的选取上进行了多重优化组合,每个实验内容要求的侧重点不同。尤其是增加了自行设计的探究性实验内容,让学生对自己设计、准备的方案进行操作,充分发挥学生的主体作用;再加上趣味性实验更贴近生活实际,实用性强,使得学生在整个实验过程中可保持较高的积极性;实验场所的扩大,可使实验纪律明显得到改善;实验结果与报告讨论会的进行,为学生进行实验总结与交流提供了机会;再加上实验考核的多元化组合等,可使无机化学综合实验达到预期效果。

三、实验设计的建议

针对综合设计性实验教学存在的问题,结合无机化学实验的课程特点,笔者对无机化学实验中综合设计性实验的开设提出以下几点建议。

(一) 实验内容选择应有代表性

针对不同层次的学生，应开设难度不同的综合实验。对于刚进入大学的新生，实验应该开设最常见最简单的综合设计性实验，只要在实验方案的设计和实验仪器的选用过程中能够将已通过验证性实验学习的知识正确应用，在实验误差的分析与控制上体现出创新的成分，或者学生在简单的实验实施过程中有新问题或新结论即可。这样，通过力所能及的实验，培养学生的学习兴趣，而在实验设计的过程中，学生也能体会到自己发现问题、解决问题的成就感，提高主动学习的积极性，认识到实验不仅仅是动手即可，而是要动脑的课程，从而初步具备设计实验的能力。例如，可以对食品专业的一年级新生开设食品的常规检测项目：酸奶酸度的测定，其方法是无机及分析化学中的酸碱滴定内容，而学生可以通过理论课的学习，结合国家标准中的测定方法及部分文献，选择不同类型的样品，形成完整的实验方案，并独立完成。这样，不但能激发学生的兴趣，而且可以让学生体会到理论与实践的关系。

(二) 综合设计性实验的时机要恰当

无机及分析化学实验通常是和无机及分析化学理论课同时面向新生开设，因此，可以将理论课与实验课有机结合，加强学生对理论课的理解及对实验现象或过程的认知。在开设综合设计性实验时，应该选择和理论课进度匹配或略滞后的相关内容作为重点，或在理论课授课的某个阶段就布置综合设计性实验题目，给学生留有充分的时间进行选题、准备方案、讨论等。如在酸碱平衡时，启发学生去查阅酸奶酸度及蛋白质含量的测定。同时，考虑到新生在查阅文献或借助网络资源方面的能力有所不足，在授课阶段，教师可以根据综合设计性实验的内容进行适当的引导，如在课堂上示范常规文献的检索方法及就不同的文献展开初步的讨论等。还可以借助国家标准的学习，启发学生将理论课内容转化为实验方法。如此，学生可以在理论课教学的帮助下，在一个相对熟悉的领域，借助一般的文献检索方法，进行初步的方案设计。

(三) 实验安排要灵活

实验课的教学不同于理论课，它应更多地体现学生的主观能动性。因此，在实验课的安排上，要给学生更多的选择内容和更大的自主权，以此激发他们的学习兴趣。如在无机及分析化学综合设计性实验的教学中，指定学生完成的综合设计性实验可以不是一个题目，而是一系列题目中的一个，这些题目的来源可以是日常生活中常见的原料或产品，或需解决的热点问题，或对某类常见样品进行完整的成分分析等；实验内容可能是参照自己专业领域的一个国家标准或者参照一篇文献就可以解决的问题。对学生而言，不仅完成了实验的设计，而且在这个过程中体会到化学知识在实际生活中的应用；熟悉查阅文献、设计方案的过程，进行简单思考，并在思考过程中完成理论化的方案，而这个方案解决的问题就是生活中常见的一些问题。例如，食品专业的学生可以在以下几个实验中任选一个完成：海带中海藻酸钠的提取制备和表征，饮料中防腐剂的检测，食品中维生素 C 含量的测定，乳制品中三聚氰胺的检测等。

(四) 实验方案的实施要细化

综合设计性实验不同于普通的验证性实验，它需要学生进行选题、查阅文献、设计方案、实施方案以及对结果的总结讨论等多个环节。因此，在实验过程中，往往需要花费很多精力进行相关内容的准备。在这个过程中，选题基于兴趣，查阅文献是技术性行为，通过集体指导即可实施，唯独设计方案是一个将信息综合整理的过程，也是一个需要动脑、需要融汇各种信息并结合个人思考的过程，而这个过程决定了实验结果的可靠性和准确性，因此，这个过程至关重要。在新生的综合设计性实验的实施过程中，方案设计环节应该有教师的参与和指导。例如，可以要求学生首先设计初步方案，然后教师给予意见和建议，学生根据教师的建议进行方案的修正。在这个过程中，也可以针对不同的题目组成不同的学习小组，在教师的参与下，进行分组讨论，在集思广益的前提下，设计相对完善的实验方案，并将其具体实施。如此，学生才有机会表达个人的思路，同时可以互相启发，在良好的学习氛围中完成实验方案的设计。

(五) 考核方法要因题因人而异

不同的专业、不同的选题、不同层次的学生在完成实验的过程中，往往有着不同的效果。事实上，在对综合设计性实验进行考核的过程中，设定统一的考核标准是极其困难的。而教师在教学过程中，如果没有统一的考核标准，似乎又很难做到考核的合理性、规范性。因此，综合设计性实验的考核是一个值得讨论的命题。在对大一新生进行综合设计性实验的考核过程中，学生如果在教师的引导下能够进行文献的查阅、模仿，并独立实施实验方案，就应该得到肯定。当然，也有学生在整理文献的过程中，不仅模仿了某些文献，还对其进行了归纳总结，形成了自己的实验方案，并将方案顺利实施，得到了良好的结果，这是十分令人满意的成果。对于查阅文献方面或者实验实施方面都不能体现出独创性的学生，可以从他们的实验结果表述或者实验讨论方面发现创新点和亮点。总之，教师在进行综合设计性实验考核的过程中，应该带有挖掘性或者寻找性的思维，而非批判性的思维。只有给予学生比较多的肯定、鼓励，才有可能让学生体会到学习的快乐，从而进行快乐的学习。当然，挖掘学生的可取之处并不是没有原则地挖掘，也不等于在教学中放纵学生，在这个过程中，教师需要付出的恰恰是比采用统一标准考核更多的精力。

开设综合设计性实验是实现素质教育和创新人才培养目标的重要环节。尽管在目前的实施过程中有各种各样的不足和缺陷，表现在内容过于"综合"、时机过于"提前"、安排过于"机械"、考核过于片面等。但总的来说，综合设计性实验的开设可以极大地提高学生的学习兴趣，培养学生的创新能力和科研能力，同时，可以让学生深刻地体会到"学以致用"，让他们直观地将理论知识熟练应用于解决实际问题，从而提高学习效率，改善教学效果。因此，在面向大一新生开设综合设计性实验时，要慎重选择实验题目，合理安排实验时机，紧密结合热点问题，提前组织方案讨论，在有序、积极、协作的氛围中完成实验。并且，在考核时，要因题、因人而异，用肯定的、积极的评价给学生更多的鼓励。在今后的教学工作中，要就存在的问题和不足进行不断改进和完善，使综合设计性实验在无机及分析化学实验的教学中发挥更加积极的作用，也使实验教学更加适应当前对创新性人才的培养需求。

(六) 无机化学综合性实验的实践效果

综合性实验教学是为了让学生在学习了一定的理论知识的基础上，在实验的过程中，进一步融会贯通所学的知识，学会有目的地自主学习的方法以及科学的思维方式，培养其不断吸纳新知识的能力，因此要提高学生创新思维能力。对于设计性的综合性实验，我们要求学生自己查阅文献资料，自己设计实验方案。因此，学生为了设计出一个好的实验方案，要查阅大量的资料，而接触大量有关的化学文献，会让学生的视野大大开阔，信息获得能力及利用能力迅速提高。

学生可能提出很多的实验方案，但由于条件所限，只能在特定的方案里进行实验，这也让学生了解到理论上可行性与实际中的可操作性是有一定差别的。由于是学生独立开展实验，学生自己解决实验中所遇到的问题，这改变了以前做实验完全依靠教师的被动局面，提高了学生做实验的主动性和积极性。

综合设计性实验是在学生掌握基本实验知识、基本操作原理、基本实验技能和必要的实验基础上进行的。因此通过综合设计性实验，学生的组织能力、动手能力、分析问题能力和解决问题能力以及实验技巧都会有不同程度的提高。从整个过程来看，综合设计性实验的设置有效地提高了学生的学习积极性和主动性，培养了学生的思维能力和创新能力，提高了学习质量。

无机化学综合设计性实验是一个极具生命力的实验教学环节，它为培养学生提供了更多的创新空间，对提高学生的综合知识水平起到了重要的作用。而提高无机化学实验教学质量的方法是多样化的，需要我们不断地讨论、探索和实践，为培养更多的高素质的现代化建设人才而努力。

四、实践环节

(一) 研究背景及意义

综合实验可拓展空间大，创新性强，具有很强的操作性。为了让学生既知其然又知其所以然，教师会在实验前两周安排学生查阅资料并制作 PPT文件，实验前一周在理论教学课上随机抽查几名学生进行 PPT 讲解，然后找几名学生点评，最后根据存在的问题及学生提出的疑问，在实验方法和思路上要做出较为全面的启发式解释。学生查阅资料、制作 PPT 的过程，就是一个非常好的阅读、理解并进行思考的主动学习提高的过程。这样安排实验，加深了学生对实验内容的认识，激发了学生的研究兴趣，为后续实验工作奠定了良好的基础。本节以气敏材料的合成与测定实验为例。

(二) 实验目的及任务

通过做实验，让学生熟悉纳米材料、功能材料的几种制备方法；学习纳米材料的表征手段和方法；练习材料合成的基本操作与技能；熟悉半导体材料的应用、气敏元件的制备及其气敏特性的测定；培养动手操作能力、分析解决问题的能力和初步的科研能力。

(三) 实验药品和仪器

材料与药品：锡粒、HNO_3、$SnCl_4 \cdot 5H_2O$、Na_2CO_3、$NH_3 \cdot H_2O$、$AgNO_3$、La（NO_3）$_3$、Nd（NO_3）$_3$、$PdCl_2$ 松油醇、气敏元件 (套)、镊子等。

仪器：微波反应仪、高速离心机、马弗炉、表面测定仪、X–射线衍射仪、场发射电镜、万用表等。

(四) 实验内容及要求

本着积极探索、独立实验、独立分析、独立完成的实验原则，按硝酸氧化法、室温固相法、化学沉淀法和微波水解法四种方法将全班学生分成 4 个小组，采用 La(NO_3)$_3$、Nd(NO_3)$_3$ 和 $PdCl_2$ 三种掺杂剂对纳米氧化锡进行掺杂，将全班学生分成相互独立的实验个体，要求每位学生上交两个成功的气敏元件完成实验报告。本书以全班 56 位学生为例安排实验，教师可根据学生实际人数对掺杂剂及其掺杂量灵活调整，确保每个学生的实验都不一样，实现真正意义上的独立实验。

1. 气敏材料的合成

(1) 硝酸氧化法：学号为 1~14 的学生被安排在该组，采用硝酸氧化法制备纳米氧化锡。这 14 名学生又按 La（NO_3）掺杂质量比 (下同) 为 0，1%，3%，5%，10%，Nd（NO_3）$_3$ 掺杂量 1%，3%，5%，10%，$PdCl_2$ 掺杂量 0.1%，

0.3%，0.5%，1.0%，1.5%，三种不同含量的掺杂剂被各自分开，独立实验。

（2）室温固相法：学号为15～28的学生被安排在该组，采用室温固相法合成纳米氧化锡。这14名学生又按La（NO$_3$）$_3$掺杂质量比（下同）为0，1%，3%，5%，10%，Nd（NO$_3$）$_3$掺杂量1%，3%，5%，10%，PdCl$_2$掺杂量0，1%，0.3%，0.5%，1.0%，1.5%，三种不同含量的掺杂剂而被各自分开，独立实验。

（3）化学沉淀法：学号为29～42的学生被安排在该组，采用化学沉淀法合成纳米氧化锡。这14名学生又按La（NO$_3$）$_3$掺杂质量比（下同）为0，1%，3%，5%，10%，Nd（NO$_3$）$_3$掺杂量1%，3%，5%，10%，PdCl$_2$掺杂量0，1%，0.3%，0.5%，1.0%，1.5%，三种不同含量的掺杂剂而被各自分开，独立实验。

（4）微波水解法：学号为43～56的学生被安排在该组，采用微波水解法合成纳米氧化锡。这14名学生又按La（NO$_3$）$_3$掺杂质量比（下同）为0，1%，3%，5%，10%，Nd（NO$_3$）$_3$掺杂量1%，3%，5%，10%，PdCl$_2$掺杂量0.1%，0.3%，0.5%，1.0%，1.5%，三种不同含量的掺杂剂而被各自分开，独立实验。

2. 气敏材料的表征和性能测试

受以往教学条件限制和教学观念影响，本科生接触大型仪器的机会较少，开设专业综合实验设计，需要适当引入先进实验仪器。结合实际情况，可利用学院专业实验教学平台的条件，在综合实验中安排较多使用科研和生产实践中常用仪器设备的环节，尽量让每个学生都有机会上机操作，这极大地提高了学生的实验兴趣和科研素养，达到了巩固和提高实验技能的目的。

本实验用到的仪器主要有精密天平、微波反应仪、高速离心机、H-3000型全自动氮吸附比表面测试仪、德国 Bruke D8 Advance X- 射线衍射仪、日本 JSM-6490LV 型扫描电子显微镜。

材料合成好后，可以分别制成陶瓷管型气敏传感器在 WS-30A 进行不同气体不同浓度的灵敏度测试，也可将制成的材料涂覆在平板叉指电极上，在 CGS-ITP 智能气敏分析系统上进行不同气体不同浓度的灵敏度测试。

第五节 实验考核教学

目前，我国学生考试能力强、动手能力和创新能力弱的现象令人担忧。一方面，由于多年来受传统的教育体制和教育观念的影响，我国所培养的学生普遍存在重理论、轻实践的现象，使得学生们在实验教学中往往表现出考试能力强、动手能力差的情况。另一方面，多年来我国学校的实验考核主要以实验报告为准，这种评定方法挫伤了那些积极参加实验但实验报告书写差的学生的积极性，因此不能够真实地反映学生们的实际水平和能力，也不利于学生在实验中养成良好的实验习惯和创新能力。为了激发学生对分析化学实验的兴趣，强化对学生实验操作能力和创新能力的培养，有必要对现有的实验考核方法进行改革，从而使学生真正成为具有创造能力的新世纪人才。

针对学生的现状和实验操作水平，我们在分析化学实验教学中以改革实验的考核方法来强调实验的重要性，激发学生实验学习的积极性和主动性，强化学生的基本操作技能。初步改革显示学生的动手能力和实际解决问题的能力不仅得到相应的提高，其对理论知识的掌握也得到了巩固。

通过多年的无机化学实验教学，我们认为沿用以往的以实验报告为依据判断实验成绩的考核方法并不能全面、科学地评价学生的基本操作技能，更不能有效地提高学生的动手能力和创新能力。为此，应对无机化学实验课程现有的实验考核体系进行改革，将各种考核贯穿于整个实验教学过程中，探讨如何将"课前的预习考核"与"实验过程考核""期末的理论考核""期末的操作技能考核"有机地融合，并把这种考核方法量化且能落到实处。该考核体系从实验教学的各个环节出发，对学生在实验课前、实验过程中、期末的理论考核和操作考核都有严格的考评办法。通过对分析化学实验考核方法的改革，强化学生的基本操作技能，激发学生对分析化学实验的兴趣，培养学生良好的实验习惯和严谨的工作作风。

一、优化课前考核，增设实验预习考试

由于学生对实验的重视程度普遍不够，使得他们对实验的课前预习往往不够充分，只简单地照抄实验原理和实验步骤，而没有认真思考和理解实

验的内容，结果导致在实验过程中手忙脚乱，基本操作频繁出错，更谈不上获得准确可靠的数据。为此，我们为每个无机化学实验都设立了一个预习试题库，主要是选取本次实验学生经常容易出现问题的基本操作试题，并在每次实验课前随机抽取 5 道试题对学生进行测试。尤其是在仪器分析实验中，由于我们对每个学生都配备了各自独立的分析仪器及计算机，因此学生可以在计算机上随机获取 20 道试题进行测试。预习测试结束，学生即可获得预习实验成绩，错误之处由教师重点讲解。预习测试成绩占平时考核的 10%，这种方式不仅激发了学生的学习积极性，对学生学习态度和学习方法也起着重要的指导作用。

二、加强实验过程考核，实施严格的考评制度

教师可将学生在实验中经常出现错误的基本操作编辑整理成《化学实验指导手册》，在实验课前分发给学生，督促他们要认真阅读手册并以其中的基本操作内容严格要求自己。在实验的巡视过程中，教师会及时纠正学生的错误操作，但是如果没能引起学生的足够重视，使得他们在同一基本操作处多次犯错，则按《分析化学实验指导手册》上的要求进行扣分，甚至是加倍扣分 [①]。比如在滴定分析实验中，学生使用滴定管时的握阀姿势通常是"千姿百态"，极其不规范，发现这种现象时，经教师及时指正后仍然犯错者，按手册要求第二次将被扣 2 分，第三次扣 4 分，以此类推。通过这种严格的管理，慢慢发现在实验过程中，一些经常出现的错误操作得到了很好的规避，学生的基本操作技能得到了有效提高。

三、完善期末实验理论考核，实施计算机随机测试

学生实验能力的培养主要是通过平时的实验操作训练，而期末考试则是促进学生日常积累、养成良好实验习惯的一种有效手段。以往的实验理论考试是在分析化学的学期末对所有学生集体进行笔试的，学生往往重视程度不够。为此，可采取在一个星期内对学生实行分批分次开放式预约测试的办法，也就是学生们可以根据自己的复习情况来预约考试时间，在预约的时间

① 陈建平，黄月琴. 浅谈淮南师范学院无机化学实验教学的绿色化 [J]. 淮南师范学院学报，2011，13(3)：90–91.

来到考场，采取计算机随机抽取试题考核的办法，当场测试，当场给出成绩和标准答案。这种分批次随机考试的方式更为灵活，更能引起学生对实验教学的充分重视。学生们不仅会重视平时的实验教学，而且会更加重视期末考试前的复习，从而有效地提高学生的学习积极性和自主性。另外，考试结束后标准答案的给出可以使学生认识到自己的问题和错误所在，更有利于他们纠正错误。

四、增设期末操作技能考核，评估实际操作能力

实验操作考核是在所开设的实验中，选择基本操作作为考试内容，并建立试题库，在考核时，学生抽签选题，独立操作并在规定的时间内完成。教师在实验过程中可以根据学生对分析方法的选择、分析仪器的选择、仪器安装和操作规范等方面进行考核，同时教师也可以针对实验过程中所出现的相关问题和实验现象进行提问。学生实验结束后，教师当场评分，并对实验成绩进行点评。这种考核方式能够更全面真实地评价出学生的实验能力水平，提高学生对实验的重视程度，有利于学生进行自身的评估，有利于培养学生严谨的实验作风和态度。

为了提高学生的基本操作技能，从实验考核的角度出发，在分析化学实验考核方法方面做了一些探索性改革。在新的考核体系中，由于实验考核贯穿于整个实验教学过程，因此学生普遍比以往更重视实验课。为获得较好的实验成绩，在实验课前，学生能够认真阅读实验教材及《化学实验指导手册》，熟练掌握实验的基本原理和实验内容，尤其是实验的操作规范和注意事项。在实验过程中，学生能够认真地进行实验操作和观察实验现象，尤其是会规避《化学实验指导手册》中所归纳总结的错误的基本操作。在所有实验结束后，学生能够对实验进行全面、认真细致的归纳总结，积极应对期末的实验理论考试和实验操作考试。这种以考促教、以考促学的方式强化了实验教学的地位，使学生的学习态度由被动学习向主动学习转变，学生在实验预习和操作过程中更加注重独立思考和自身实验技能的提高。实践表明，改革后的分析化学实验考核方法，不但提高了学生的基本操作技能，使他们养成了良好的实验习惯，而且对实际动手能力和创新能力的提高也都起着积极的促进作用。同时，学生还养成了科学严谨、实事求是的实验态度和实验作

风，这为他们将来的学习和工作奠定了良好的基础。

　　无机化学实验是新生入校后的第一门实验课，它既是无机化学课程的重要组成部分，又是生物、医学、化学类专业后续实验课程的基础，具有一定的启蒙性。而科学规范的实验操作又是学生在实验中获取准确数据和保障实验安全的关键所在，是学生必须具备的基本功，更是无机化学实验教学的重点和难点。因此，努力提高学生无机化学实验基本操作技能势在必行。

第四章　有机化学实验教学研究

第一节　基础实验教学

有机化学实验是化学学习中非常重要的基础实验课程，该课程的目的是培养学生掌握并了解有机化学的基本知识和技能，验证和进一步认识有机化学的基本知识，通过系统深入的学习，培养学生良好的实验工作方法和思维模式，以及良好的科学态度和创新能力。如何在有机化学实验教学过程中激发学生的兴趣和积极性，培养学生的综合素质是教师需要注意的地方，因为它关系到学生能否理解有机化学理论知识和与其相关的基本操作技能，也关系到学生能否掌握科学思维方法做到理论联系实践，学以致用。

一、有机化学实验室基本规则

有机化学实验经常会用到易燃、易爆、有毒和强腐蚀性试剂，易引起火灾、爆炸、中毒等事故。为了防止事故发生，每个在有机实验室进行实验的人员都必须遵守以下规则。

（1）牢固树立"安全第一"的思想，时刻注意实验室安全。学会正确使用水、电、通风橱、灭火器等，了解实验事故的一般处理方法。做好实验的预习工作，了解所用药品的危害性及安全操作方法，按操作规程使用有关实验仪器和设备。若发现问题应立即停止使用并报告老师。

（2）进入实验室前，应认真预习，对实验内容、原理、目的、意义、实验步骤、仪器装置、实验注释及安全方面的问题有比较清楚的了解，做到心中有数、思路明晰。

（3）实验过程中，要保持安静，按预定的实验方案，集中精力，认真操作，仔细观察，如实记录实验现象，同时保持台面清洁。实验中途不得擅自离开实验室。

（4）取用药品前应仔细阅读药品标签，按需取用，避免浪费；取完药品后要及时盖好瓶塞。公用仪器、原料、试剂和工具应在指定的地点使用，用后立即放回原处。不要任意移动或更换实验室公共仪器和药品的摆放位置。

（5）实验过程中所产生的所有废液及废渣都要倒入指定的回收容器中，严禁倒入水池及垃圾桶中，产物也按同样方法回收。

（6）实验结束后，清理打扫个人实验台面，洗涤仪器，清点无误后放回原处。完成实验报告并上交。

（7）值日生做好整个实验室的清洁工作，将实验器材、试剂放到指定位置，摆放整齐，并检查水、电是否安全，关闭门窗，告知教师后方可离开实验室。

（8）进入实验室必须穿实验服，不得穿拖鞋或露脚趾、脚面的鞋，女同学长发必须扎起，离开实验室前应认真洗手。

（9）禁止在实验室内吸烟、饮水或吃东西，不得在实验中进行与实验无关的活动。

二、有机化学实验的基本程序

（一）实验预习

实验预习是有机化学实验的重要环节，对实验成功与否、收获多少起着关键的作用。在做一个实验前学生必须仔细阅读有关教材，包括实验的原理、步骤和用到的实验技术，查阅手册或其他参考书。弄清这次实验要做什么，怎样做，为什么这样做，还有什么方法等[1]。对所用的仪器装置做到能叫出每件仪器的名称，了解仪器的原理、用途和正确的操作方法等。并在实验记录本上写好预习报告。预习报告包括以下内容。

（1）实验目的，提出此次实验要达到的主要目的和要求。

（2）实验原理，包括主反应和重要副反应的方程式，必要时写出反应机理。如果是基本操作，要懂得仪器的操作原理。

（3）主要原料、产物和副产物的物理常数，原料用量，计算理论产量。

① 张秀梅.基于绿色化学理念的无机化学实验教学的设计与研究[J].广州化工，2012，40（21）：186-187.

（4）画出主要仪器装置图，并注明各部件的名称。

（5）用图表形式画出实验的流程，明确各步操作的目的和要求，特别注意本实验的注意事项和实验安全。

（6）安全防御，有机化学实验经常使用有毒、易燃或易爆的药品试剂，预习时必须了解本次实验所有原料和产物的安全性质，防止操作不慎发生危险，明确事故处理方法。

（二）实验操作及记录

实验操作是锻炼学生动手能力和实践能力的重要环节，操作的规范性和准确性直接关系到实验的结果，有机实验课的目的之一就是掌握实验操作基本技能。实验操作应注意以下几点。

（1）亲自动手，独立完成，不能只看不做。

（2）按预习方案操作，不得临时更改方案。如若提出新的实验方案，应与指导教师讨论确认后方可实施。

（3）实验操作及仪器的使用应严格按照操作规程进行，否则会出现危险或损坏仪器。

（4）实验过程要精力集中，仔细观察，认真思考，及时记录。发现异常应立即停止实验，认真分析，查明原因后重新开始。

（5）在操作过程中保持台面整洁卫生，用过的仪器及时清理，公共用品用完放回原处。

实验记录是科学研究的第一手资料，记录的准确与否直接影响对实验结果的分析，学会写好实验记录是培养学生科学素养和实事求是工作作风的重要途径。实验记录的内容包括所用物料的数量、浓度、使用时间、实验现象以及测量的数据等。实验现象是判断实验成败以及积累实践经验的重要环节（但学生往往不知道记录什么），它包括原料的状态、颜色、气味，反应温度的变化，体系颜色的改变，结晶或沉淀的产生或消失，是否放热，是否有气体逸出等。做好实验记录要注意以下几点。

（1）养成边实验边记录的习惯，不应事后凭记忆补写，或用其他记录纸代替或转抄。

（2）记录要实事求是，准确反映真实情况，特别是当观察到的现象和预期不相同时，必须按照实际情况记录清楚，以便作为总结讨论的依据。

（3）实验记录要简单明了，尽量使用表格记录，与操作步骤一一对应。

（三）实验数据处理

有机化学实验相比于分析化学和物理化学实验数据处理要简单。实验数据处理应有原始数据记录、计算过程及计算结果。

有机化合物的性质实验要记录发生的化学现象，化学现象的解释最好用化学反应方程式表达；合成实验要有产率计算，应列出反应式及计算式；对熔点、折光率等性能测试数据，要与理论值对比，分析其纯度；产物的红外、核磁等的谱图分析，要将图中特征峰进行合理归属，并对谱图与产物是否一致以及产物纯度做出初步判断；对实验过程中的异常现象要认真分析，给出合理的解释和说明。

（四）实验报告

实验完成后应及时写出实验报告。实验报告是学生完成实验的一个重要步骤。通过实验报告，可以培养学生发现问题、分析问题和解决问题的能力。一份合格的实验报告应包括以下内容。

（1）实验名称。

（2）实验目的：简述该实验所要求达到的目的和要求。

（3）实验原理：简要介绍实验的基本原理、主要反应方程式及副反应方程式。

（4）实验主要试剂的物理常数：查阅文献，了解各试剂的物理特性，列出相对分子量、相对密度、熔点、沸点和溶解度等。

（5）实验试剂用量及规格：写出所用试剂的名称规格、用量。

（6）仪器装置图：画出主要仪器装置图，同时注明各部件的名称。

（7）实验步骤及现象：用表格方式说明实验操作过程，对应记录每步操作的实验现象。

（8）实验结果和数据处理：如实记录实验的测试数据和结果，对合成实验计算产率。

（9）问题与讨论。

三、有机化学实验教学的方案改进

(一) 筛选并重新设计和优化经典的实验项目

在传统的有机化学实验中含有大量的各种实验项目，有些项目之间是类似的，所以按照教学大纲要求，合理选择实验内容，挑选比较经典、具有代表性的内容。对现有的实验内容优化，重新设计，将自己一线的教学和科研经验加入其中，优化合成路线，既要保证学生能够得到技能和实践上的训练，同时又要兼顾实验经济成本和环保问题。另外，我们也应该对一些传统的实验项目进行重新设计和创新，在具体的教学过程中引入了近些年新颖的、具有创新意义的思路和方法，并与学生交流互动。

(二) 重视培养学生拥有良好的实验习惯

在学生进入实验室之前就应该认真学习有关实验内容，明确实验目的、方法、所用试剂及药品的理化参数。实验前要做好一切准备工作，在具体过程中能保持实验台整洁有序，不乱丢弃实验废弃物，实验过程中能要积极主动观察实验现象并及时记录。教师应当为学生指出在实验中要如何有效地观察、分析和得出结论，培养其成为一名合格的实验操作人员。教师应该在讲授实验内容的过程中提出若干问题，让学生带着问题开始实验，在脑海中提前构想好如何进行实验并注意些什么，在实践过程中去发现和寻找答案，加深对问题的理解。将相关问题先留给学生仔细思考，让其尝试独立地完成实验设想，并大体地预想在接下来的实验过程中会遇到什么问题，如何克服解决，而不是由教师全盘详细地讲解和解答，最大程度地锻炼学生的动手及分析解决问题的能力，从而培养出具有良好实验习惯的合格人才。

(三) 加强实验课程的预习

有机化学是以实验为基础的化学，我们要特别注重在学生实验前预习问题，在进行实验的同时要提前布置下次要做的实验，让其提前自学该实验，掌握本次实验的相关内容。在以前的课程之前，通常是由教师提前组织安排，准备好各种实验器材、试剂和药品，详细介绍实验目的、内容和其他问题。而学生对此不予重视，实验现象不认真观察，养成懒惰的习惯，缺乏学习兴趣，导致对实验的基本原理理解不够透彻，对实验中现象的原理认识不深。因此在实验过程中要让学生自行了解要用到什么仪器、试剂，实验过程中有哪些注意事项，对易出现的问题提前在自己的预习报告中特别标注，教师在教学过程中讲授并告知学生怎样利用当前发达的互联网去查找并阅读所需的资料文件，通过一段时间的锻炼，就会拓宽学生的知识体系，同时培养学生查看文献资料的良好习惯，这种良好的习惯不但能够锻炼学生分析与解决问题的能力，而且对其将来如果继续从事化学或科研活动打下坚实的基础。

（四）与最新科研前沿相结合，调动学生积极性

传统的教学只是机械地将教材中的实验项目教授给学生，并未提及该实验项目在近几年科研领域的发展情况及应用，因而学生对该实验项目缺乏兴趣，提不起积极性。因此教师在讲解常规的实验项目时也应该介绍该项目的最近研究成果，让学生成为教学活动中的主角，能够自主地提出问题，尝试提出有意义的思路和想法有助于调动学生的主动性和积极性。有机会的话可以抽出时间让学生们参观科研实验室，让他们实际观察科研的过程并与科研小组的成员交流，激发其对化学尤其是实验的兴趣和热情，培养团队合作学习的能力，从而使其跨越出对实验课程机械、呆板的认识，树立积极向上的态度。

前面的论述为笔者在教学过程中的一些体会和改革想法。有机化学实验作为重要的基础实验课，在如何培养未来科研人员，如何全面提高学生的综合素质中起到非常重要的教学作用？所有这些都需要有机化学实验持续不断的改革与进步，不断地通过具体实践的教学发现问题，不断改进实验教学方法从而去完善实验教学体系，达到教学改革育人的目标。

第二节　开放性实验教学

一、存在的问题

在以往的有机化学开放性实验教学模式中，教师通常以班级为单位进行教学，教师在展开教学过程中讲解与演示大量的实验，引导学生掌握教材中实验知识，建立理论与实践相结合的思想。当学生学习完教学内容后，需要独立完成毕业论文时就会发现自己并没有充分掌握知识，因此，如今许多学校展开开放性实验教学。虽然开放性实验教学有着许多优势，然而也存在一些不足之处，具体表现在以下几点。①教学体制与教学观念出现漏洞。由于有限的实验课时，再加上实验教学被学生认为是理论教学的一种，在实行开放性实验过程中，有许多教师与学生对此并没有充分的认识，导致了他们的参与程度并不高。②实验室管理不妥当。开放性实验在运行过程中，由于学生的层次不同，再加上实验项目多、实验实践不扎实等问题，导致了实验仪器设备损坏较为严重，在实验过程中资源浪费现象比较严重等。③实验过程中的指导问题。在运用开放性实验教学后，学生的实验内容更加丰富，所涉及的知识面更广，难度系数也更大，在学生做实验的过程中可能出现许多不同的问题，对实验指导教师与相关管理员都提出了更高的要求。④教学质量评价系统不完善。由于人员配备与相关经费等方面的问题，开放性实验工作量很难把握，相关管理员与指导员的积极性并不高。并且教学者只注重学生的实验成绩，并不看重学生实验的过程，这导致了评价结果很难真实反映学生的实验水平，与教学目标相违背。⑤实验投资不足。目前学校大规模招生，然而实验硬件并没有跟上，相关的实验仪器比较落后，教学人员也比较紧张，这导致了开放性实验教学很难实现真正的开放，也无法充分调动学生学习的积极性。

二、实验教学策略

(一)运用多媒体教学法，丰富教学内容

目前，多媒体技术得到了非常快速的发展，它广泛运用于教学过程中。

实践表明，多媒体教学在有机化学开放性实验教学中发挥了十分关键的作用。多媒体教学能够对有机化学反应过程展开微观的模拟，其内容表现形式非常丰富、形象，并且把有机化学课堂教学中十分抽象的知识内容表现得更加简洁、易懂，使得学生能够更好地理解与记忆，促进了教学效率的提高。因此，将多媒体融入有机化学开放性实验教学中可以把复杂、抽象的知识以及有一定操作难度的实验步骤，以更加形象、易懂的方式展现在学生眼前，让学生能够充分了解实验的本质①。并且在实验过程中教师更加容易控制实验实践，实现了良好的教学效果。此外，将多媒体融入实验过程能够提高学生的信息量，并且针对学生的需要，对部分实验内容展开有效的修改，可以实现教学的灵活性，从而充分提高教学质量，促进学生更好地发展。

（二）科学安排开放性实验内容

为了充分提高开放性实验教学的效率，教师在展开教学过程中应当不断丰富自身的经验，必须结合学生的实际情况，从学生的特点以及具体要求出发，编写出内容丰富的实验内容，从而为学生提高更加优质的实验教学。为了提高学生的实验操作能力，教师应当从一开始就加强基础性化学基本技能的训练，并且在固定时间内组织学生参加化学实验操作技能大赛。这样能够考查学生的基本操作技能，帮助学生更好地掌握化学知识内容，提高其动手操作能力，激发学生学习化学的主动性。

（三）改良开放性实验教学方式

实验教学的目的是提高学生的操作能力以及创新思维，因此，教师在展开教学过程中应当加强对学生实验内容预计实验过程的控制，从而不断提高实验教学质量。由于实验教学有着一定的特殊性，使得教师在教学时很难真正充分掌握所有学生的实验过程。有的学生实验目的并不明确，仅仅作为旁观者，并没有动手、动脑，因此很难实现良好的教学效果。教师在展开教学过程中可以将班上学生分为两批做同一个实验，在展开实验之前，教师应当对每位学生的预习情况进行检查，然后有针对性地讲解实验原理以及实验

---

① 杨颖群，陈志敏，李薇，等．高锰酸钾制备实验的绿色化改进 [J]．湖北第二师范学院学报，2010，27（8）：130–132．

步骤。加强学生的安全意识，让学生明白在实验过程中安全是最为重要的。在学生实验过程中，教师应当不断在实验室来回巡视，仔细观察学生是否操作正确，及时发现学生所犯的错误并将其纠正。教师还应当随时解释在实验时出现的各种现象，当学生有任何疑问时教师应及时给予解答。在学生做完实验后，引导学生在实验报告上详细记载此次实验的具体步骤以及相关重点事项，并且分析实验结果，作出理论分析。只有这样才能够充分提高学生对化学实验的积极性，充分体现其主体地位，使得学生能够用已经学会的知识去解释化学现象，从而促进教学目标的实现。

（四）融入综合设计性实验

有机化学理论教学难度比较高，学生很难充分理解与把握，改良实验教学内容以及教学策略是十分重要的。教师在教学时必须开设综合性、设计性实验，由学生自由选择与设计，由教师指导学生设计实验，分析实验的可行性。此外，教师还应当定期组织化学实验技能大赛、设计实验竞赛等。从多方面、多角度来提高学生的化学水平，学生要以主人翁的身份参与到实验过程中，拓展其思维，提高其创新能力。教师在展开教学时应当充分激发学生的积极性以及突出其主体地位，让学生在实验过程中提高自身解决问题的能力，为其以后的发展奠定良好的基础。

三、实验教学步骤

（一）框定大类，分组选题

教师在展开教学过程中应当依据有机化学的实验性质，先选定若干个化合物类别的实验项目，例如醇类、醚类、脂类，等等。选定实验项目类别的原则是相关物质可能为固体化合物或者有较高沸点的化合物，从而体现有机化学实验教学效果。在展开实验时，教师应当适当调配学生，展开合理的分组，按照一个小组一个类别展开实验内容的选择，小组中每位学生选择一个同类别但不同目标的化合物展开合成实验设计。在选择实验物质的过程中，教师应当要求学生查阅有关化合物类别的文献资料，为实验做好充分的准备。

(二) 规划实验操作方法

教师在展开实验过程中应当引导学生查找与阅读有关实验方法的资料，对实验方法展开可行性分析，并且引导学生对所选化合物的合成方法展开资料的阅读与筛选。学生所查找到的合成方法通常为工业合成法以及实验室合成法，其中相关的条件与方法各不相同，学生应当在已经学会知识的基础上，依据自己的操作经验展开可行性分析，确定几种有效的方法待教师审核。

(三) 实验方案的设计

学生选择好实验方法后，教师应当给予详细审核，对已经选择的方法展开实验方案设计、实验条件优化方案设计，等教师指导修改完成后，再引导学生进入实验准备阶段。

(四) 优化实验过程

实验过程包括以下几个方面的内容。①实验前的准备工作。教师应当以实验类别小组为单位填写相关物资的领用表格，交给学校实验中心审批与备货。在这个过程中，倘若遇到实验用品采购有困难，实验中心应当及时反馈，学生再作出相应的实验方案与物料的调整。②实验中。实验物料到位后，在实验室开放的时间内展开实验。对不同的实验方法展开对照实验，引导学生认真观察实验现象，详细记录相关数据。教师应该指导学生对设计方案中不合理的部分展开适当的修改与完善，对每个实验步骤中所取得的化合物展开常规的测试。在实验过程中应当要求学生严格遵守实验纪律以及相关操作流程，从而促进实验效果的提高。③实验的后期工作。在完成实验过程后，教师应当对取得的实验数据展开整理与补充，并且引导学生写出实验小论文，促进学生巩固知识，提高其概括总结的能力。④评价学生的实验成绩。教师可以以小组为单位进行评优，评优的依据是查阅资料评估制订方案的质量、实验过程中的情况以及实验论文的写作情况。给予学生科学、客观的评价能够帮助学生正确认识到自身的不足，从而帮助其更好地发展。

四、实验教学效果

有机化学开放性实验教学，从学生选题、查找相关资料、选定实验方法以及相关方案的实施等过程中，教师起着非常关键的作用。因此教师的工作强度比常规的实验教学的工作强度要高许多。教师必须花费大量的时间与精力才能够实现良好的教学效果。选修开放性实验的学生多半是为了充分提高自身的实验素质以及提高自身的创新能力，这部分学生具有认真、严谨、主动学习等优点，学习能力也相对比较高，通常会正面体现有机化学开放性实验的教学效果。也有一部分学生是为了学分而选择学习此部分内容，在教学过程中显得主动，有可能会对教学效果带来负面的影响，并增加了教师的教学工作量。因此在有机化学开放性实验教学中，对报名选修的学生应当进行筛选，从而实现良好的教学效果。此外，相关实验室管理人员的作用也是不可忽视的，他们应当积极配合开放性实验教学，从而保证教学活动的顺利进行。

通过开放性实验的实践训练，能够促进学生的创新能力以及综合设计能力的提高，并且加强其环境保护意识。许多学生对科研工作由于不了解而产生畏惧的情绪，通过有机化学开放性实验教学，让学生领悟到科研的一般过程，对科学研究有了新的认识，并且充分激发学生学习化学的兴趣，从而为其以后的良好发展奠定基础。

第三节　设计性实验教学

大学教学的目标是培养专业技术人员或科研工作者，因而要求学生不仅要掌握专业知识，还要具备创新意识和实践能力，学会自己解决实际问题的本领。有机化学实验作为该学科理论课的延伸和扩展，是培养学生动手、分析和解决问题能力，训练其严谨的科学态度和工作作风的重要途径。传统的有机化学实验都是验证性实验，实验教材中有完整的实验步骤、实验现象及注意事项。学生依照课本完成操作，虽然能使学生在基本操作方面得到锻炼，但缺乏对学生分析、解决问题能力的培养。因此，当前学校实验教学改革应该"面向21世纪教学内容和课程改革计划，保留少量经典的验证性实验，增开综合性、设计性实验"。可根据自身特点和条件，制定具有自己特色的有机化学设计性实验，培养学生的创新和实践能力。

所谓设计性实验就是学生运用理论知识和实验技能，自行设计实验方案，选择适当的仪器和药品来解决问题的实验。它是传统验证性实验的延续和发展，对培养学生的创造性思维、观察能力和实验能力有极其重要的作用。

一、设计性实验的选题

设计性实验的选题过于简单便失去了培养学生创新能力的目的；课题选择过大或实验指标过高，超出学生的能力范围，会使学生丧失信心，也得不到相应的效果。作为设计性实验的题目，首先，应该以教学大纲为基础，兼顾本学科发展的现状与前沿，把学生所学的理论知识和实验技能很好地综合到设计中；其次，课题的备选方案应具备多样性，且与之前实验的重合度不高，这样可以有效地训练学生的发散性和创造性思维，避免学生生搬硬套；最后，课题可以在实验室条件下安全进行。例如，安徽理工大学化学工程学院在2016年选择"苄醇的实验室制备"作为2014级应用化学专业的有机化学设计性实验。苄醇作为重要的医药中间体，具有广泛的用途。该设计性实验的题目简单，切入点多，可以通过多种合成路线制备得到。如苄氯（溴）或乙酸苄酯（苄氯的酯化反应得到）在碱催化下通过水解反应得到苄醇；苯甲醛的还原反应得到苄醇；苯甲醛通过自身或交叉坎尼扎罗反应得到苄醇等。其中涉及的重要操作有加热回流、蒸馏、减压蒸馏、分液等。

二、设计方案

实验设计方案要在实验室条件下安全进行。教师给出实验题目后，学生以2~3人为一组，相互讨论，查阅文献资料，设计实验方案，并且列出实验仪器、药品、操作步骤、反应监测条件及目标产物的结构鉴定方法。教师根据学生实验方案所需的仪器与试剂准备实验。在设计以苄氯（苄溴）或乙酸苄酯通过水解反应得到苄醇的方案中，如何确定反应底物、碱和相转移催化剂之间的摩尔比是反应能否成功的关键，反应温度一般在

90℃～110℃；苯甲醛还原的方案中还原剂可以选择 KBH_4、$AlCl_3$、$MgCl_2$ 等；苯甲醛的自身坎尼扎罗反应中氢氧化钠的用量及反应副产物苯甲酸的分离是方案设计中要考虑的问题；而与甲醛的交叉坎尼扎罗反应中，苯甲醛、甲醛和氢氧化钠三者的物质的量比直接影响苄醇的收率和纯度。实验指导教师对学生提供的实验方案进行审核，如果方案中的错误不会对学生的人身安全或实验仪器设备造成伤害，可以不提出，让学生在实验过程中自己发现并解决。对没有完成好设计方案或方案不合格的学生，指导教师可不让其做实验。

三、实验实施过程

在实验课前，教师还要提几点注意事项，如金属试剂在称量、使用和后处理过程中的操作要点。学生在实验进行过程中可以对实验方案进行适当调整，如反应温度、反应进程的监测方法（GS，HPLC，TLC 等）、TLC 展开剂体系的配比、分离纯化方法等。实验过程中，教师应认真巡视，观察每位学生的每个操作，发现不规范的操作及时纠正[1]。教师起指导的作用，一般不直接回答学生问题，但可根据学生的不同情况，提出具有针对性的问题，以启发他们认真观察和分析实验现象，增强他们分析和解决问题的能力。

四、总结报告

独立完成实验后，学生依据原始数据，整理和分析实验结果，解释实验中的一些现象，讨论影响实验的因素，形成完整的实验报告并上交指导教师。教师也可以组织学生进行实验交流，各小组以 PPT 的形式将实验的整个过程展示给大家，学生和教师可以对实验的各个方面进行提问和交流。最后，指导教师对整个班级设计性实验的情况进行全面总结，指出共同的问题和不足，对富有创造性的小组进行讲评，充分肯定学生的设计和实践，培养提高学生的求知欲望和创新能力。如通过比较实验结果，说明在"苄醇的实验室制备"方案中，通过水解反应得到的苄醇的反应条件较为剧烈，副产物较多；金属还原剂还原苯甲醛的方案中，以 KBH_4 为还原剂时苄醇的收率最高；由苯甲

---

[1] 唐文华，蒋天智. 绿色化学教育与高师无机化学实验教学 [J]. 黔东南民族师范高等专科学校学报，2005，23（3）：23-24.

醛通过自身或交叉坎尼扎罗反应制备苯甲醛的方案中，反应条件温和，产品纯度高。

五、设计性实验成绩评价体系

成绩评价是设计性实验的一个重要环节，传统的实验成绩大多以实验报告和实验操作成绩为主，而设计性实验的成绩主要考虑的是学生是否通过实验在动手能力、解决实际问题能力、创新能力方面有所提高。因此，整个设计性实验成绩应从查阅资料、方案设计、实验实施、结果分析及报告五方面进行评价，如学生在查阅资料的过程中，能否精确掌握检索文献、书籍和专利，对获得的信息能否进行概括总结；在设计方案过程中，学生能否正确考虑包括仪器药品选择、实验方法与操作步骤、实验的时间安排、可能出现的副反应以及对反应的监测方法；在观察实验过程及现象中，学生能否认真记录等。因而这五个评价能够比较全面地评价学生分析问题、解决问题、创新及综合实验能力。

总之，设计性实验对夯实学生有机化学基础理论、锻炼实验技能、培养创造性思维和动手能力有着非常明显的效果。在开设设计性实验前应该充分认识设计性实验与传统验证性实验的区别，重点抓好设计性实验实施的关键环节，确保设计性实验开设效果，从而达到预期的目的。

第四节　虚拟实验教学

大学有机化学实验是化学化工及其他近化工类专业，如制药工程、高分子材料工程、环境工程、食品科学、生物工程、轻化工程等的重要专业基础课程，担负着培养学生实践和创新能力的重要使命。但由于有机化学实验操作烦琐，试剂药品毒性大，易挥发，存在一定危险性，为保证实验的顺利进行，往往指导教师讲解、纠正实验操作等过多，造成学生的过分依赖，不能充分发挥学生的积极性和主动性，难以激发学生的学习兴趣，也难以培养学生的实验能力和创新思维，无法适应社会和经济发展对人才培养的需求。

近年来，随着网络和多媒体技术的飞速发展，虚拟实验成为实验课程的有益补充和模拟，虚拟实验室的建设也得到了应有的重视，成为实验教学的补充和完善。建立虚拟实验室符合现代教学理念，对帮助学生预习实验、理解实验原理、熟悉实验仪器和操作流程、提高学生学习兴趣和学习效果具有重要意义。但大多有机化学虚拟实验平台强调实验模块的建设，针对单个有机化学虚拟实验，人机交互性明显不足。基于上述原因，并结合有机化学实验的教学特点，某校设计并开发了一套全新的强调人机交互性的有机化学虚拟实验平台，该虚拟实验利用网页插件技术，采用 Adobe flash 的 Action-script 3.0 技术，结合 Adobe Photoshop、Adobe Illustrator、Adobe Fireworks、Adobe Fireworks、Adobe Premiere 等图形图像动画视频设计软件，开发相应教学交互实验应用程序，将其嵌入前端相应主页，然后上传到校园网 Web 服务器上，供师生使用。此虚拟实验平台的应用，在很大程度上激发了学生的学习兴趣，并拓展了学生的学术视野，提高了有机化学实验课程的教学质量。

一、有机化学虚拟实验的设计

根据教学大纲，借鉴有机化学实验教材的编写经验及国内虚拟实验室的经验，在有机化学虚拟实验平台的构建过程中，除有机化学虚拟实验室要求的各种功能模块外，针对单个有机化学虚拟实验，在设计过程中着重强调人机的交互性，操作过程突出重点与难点，并兼顾学生环保意识的培养。除此之外，还要求虚拟实验操作界面美观简洁、操作便利、能适应各种不同的分辨率，各种按钮和仪器设备等在整体界面中的比例协调、美观大方。

二、有机化学虚拟实验的开发

(一) 虚拟实验过程的构建

首先进行虚拟实验器件库的构建，主要包括虚拟实验仪器、实验试剂和实验辅材等，着重强调虚拟实验器件的逼真性，包括合适的比例、清晰度等。

然后进行虚拟实验的装置搭建，装置的搭建是在交互界面上实验的，当两个虚拟仪器接触时，根据真实实验要求，通过程序进行连接判断，凡是符合连接要素的,均可实现虚拟仪器的连接。例如,1-溴丁烷的制备实验中球形冷凝管和圆底烧瓶相互接触后,通过程序智能化判断,球形冷凝管感知到与圆底烧瓶的接触是正确的,就可实现球形冷凝管和圆底烧瓶的连接搭建,反之就不能连接搭建。不仅是球形冷凝管、圆底烧瓶,其他的如蒸馏头、直形冷凝管、锥形瓶等所有仪器都可以通过整个仪器的接触实现连接搭建。

接着进行虚拟实验中原料的投加与虚拟实验操作,这些都可通过接触与程序智能化判断实现。例如,1-溴丁烷的制备实验中"酸性废液"不能回收到"碱性回收瓶"中,两者之间的接触属于无效接触,不能实现废液的回收。

(二)虚拟实验操作提示语的编写

虚拟实验操作提示语的编写在虚拟实验中十分重要,由于在虚拟实验设计中强调了人机的交互性,学生要通过自己的预习判断虚拟实验装置搭建的次序、原料的投加次序、虚拟操作等是否正确,但学生往往不能全部正确判断,适时地提示可保证虚拟操作的流畅性并保持学生的兴趣,如1-溴丁烷的制备实验中,后处理过程中学生有时候不能判断废液的酸碱性,这时"将漏斗中的废液倒入酸性废液瓶中"提示语的出现显得特别重要。提示语要在学生操作错误时及时出现,并要规范、简洁。

(三)虚拟实验过程中重点与难点的处理

每个实验都有重点与难点,或者说有学生不易掌握和容易犯错误的地方,虚拟实验过程中针对这些重点和难点,采用动画与视频结合,突出学生要特别注意和重点掌握的地方。例如,在交互界面上通过放大的动画显示温度计的位置、温度的变化过程等。此外,反应液的颜色变化、分层状况等都有放大的视频显示,固体产品的色、状等都有特写镜头显示,如1-溴丁烷的制备实验中反应液的颜色变化等特写镜头。诸如此类,在每个虚拟实验中通过动画放大显示、特写画面、特写镜头等来强调重点与难点,避免学生在真实实验中犯错误。

（四）虚拟实验的后期整合与部署运行

将所制好的各种模拟操作及演示动画进行编辑、压缩，通过 Adobe Flash 的强大交互功能，完成素材的交互模拟整合 [①]。将整合加工后的交互内容充分修改和完善，形成完整的有机化学虚拟实验。而后，通过校园网进行部署，实现有机化学虚拟实验线上的运行使用。在线上使用阶段，收集用户操作反馈与意见信息，实现版本迭代式的交互优化与内容升级。

三、有机化学虚拟实验的特色

（一）学习交互性

有机化学虚拟实验以校园网为基础，以有机化学虚拟实验学习网站为平台，通过鼠标点击或拖拽就能完成实验装置的组装、实验基本操作、仪器使用的练习，模拟性强。相对于传统教学中单一被动的学习方式，能实现实验中缓慢过程的快速化或快速过程的缓慢化，并将实验过程中的图像、文字以及动画等因素融为一体，在完整流程中突出教学重点与难点，即使非专业人员，也能看懂操作，具有很强的交互性。交互性学习可以激发学生学习兴趣，提高学生学习的主动性和积极性，更好地让学生掌握实验操作要点、增强实验理论的学习效果。

（二）操作安全性

有机化学实验相比于其他化学实验课程具有危险性高、时间长、操作烦琐等特点，在实验过程中经常需要用到有毒、有害及易燃、易爆的化学试剂，在实际操作过程中即使学生高度认真，也难免因为一时疏忽致事故发生。同时，实验过程的复杂性、现象的隐蔽性以及操作的危险性等都直接影响了学生对实验数据的获取以及对实验结果的认知。有机化学虚拟实验平台的构建可以为学生提供一个虚拟的实验空间，使之可以放心地去做各种可能产生危险的操作，避免实验所带来的各种危险，具有操作的安全性。

---

① 胡彩玲，唐新军. 绿色化学理念在无机化学实验教学中的渗透 [J]. 广州化工，2014，42（22）：225–226.

(三)绿色环保性

虚拟现实技术作为一种新兴的技术手段，通过对实验内容的模拟仿真，可以提高学生的动手能力，而在实验过程强调环保理念，这样既能够节约实验成本，又能减少实验危害及环境污染。

通过虚拟实验平台的学习，学生对实验理论、操作要点的掌握、环保意识的加强等均有明显提高，为有机化学实验教学提供了有益尝试和探索。但有机化学虚拟实验并不能完全代替学生动手做实验，它只是一种辅助的教学手段，虚拟实验教学模式与传统实验教学模式互有优势，只有将两者有机地结合起来，找好切入点，才能做到相辅相成、取长补短，从而更好地达到提高有机化学实验课程的教学效率和教学质量的目的。

第五节　综合实验教学

有机化学实验已成为化学基础课程中必不可少的一部分。学生可以通过有机化学实验来认识、理解、运用理论知识以及学会其基本的实验操作本领。这也是培养学生思维能力、开拓创新能力、解决现实难题能力等综合素质的必要途径。不管是从化学实验的教学水平中看，还是从化学实验教学质量上看，都取得了一定的成果。

一、设计性综合教学的计划及其作用

每个实验计划的设定，都是基于每位学生的实际情况以及一些外在条件而定的。例如，学生对理论知识点理解程度；学生对实验操作的领会程度；实验室里面的具体条件情况。假若设定的计划与学生的能力相差很大，那必会让学生失去原有热情。但是，所计划的内容又要超出教材所涉及的知识领域，因为这会让学生感觉到一定难度，更有挑战性。

二、综合研究型有机化学实验的特点

(一) 科学研究性

综合研究型有机化学实验的题目往往是一个微型的科研项目。学生要完成实验通常要经过文献查阅、合成路线设计、摸索反应条件以及对产品进行分离提纯、结构表征等步骤。这个过程能使学生初步体验到科学研究的探索性、团队合作性，从而培养学生的独立操作能力、创新能力和协作能力，为毕业论文工作及以后的科学研究工作打下良好的基础。

(二) 实验内容的综合性

实验内容的综合性体现在实验课题所涉及的内容往往是一个综合体系。首先实验课题是有机化学与环境、生物、医药、材料等学科结合的，学生在文献综述过程中需充分了解课题的背景知识。其次学生需要通过有机合成得到产品并对产品进行结构表征，这需要运用他们有机化学及分析化学的理论知识。

(三) 学生的主体性

在综合研究型有机实验教学中，学生处于主体地位。学生从实验原理、性质、选择方法、查阅文献、设计方案到自己动手进行仪器选取、组装、使用，到汇总结果、撰写科研论文，整个过程都是一个以学生为主体的实验过程，最大限度地激发学生的求知欲望和创造性思维，充分体现学生的自主性、能动性和创造性。教师在整个过程中主要起引导、督促和评价作用。

三、为设计性综合实验所提供的条件保证

(一) 实验操作前所做出的准备

在实验操作前，每位学生都必须要对与此相关的一些实验知识进行一定的认识、理解。因为没有掌握一些实验基本知识的学生，想顺利完成设计性综合实验的可能性几乎为零。所以，在进行实验操作之前就必须做好前期工作准备。

（二）加大宣传力度

利用大众传媒的方法，让学生重新认识积极参与实践活动，既可以获得学习方法又可以对所学知识进行巩固。

（三）实验室要实行开放

要在公共休息的时间进行实验室的开放。安排学生对实验室进行系统的管理，以便于教师及时了解情况并便于解决在实验中所遇到的难题，多是给学生们去实验室提供自由的时间。

（四）实验经费要有保证

学生基于本身所具有的理论知识和实验经验而设计出来的综合性实验。在实验当中，如果实验失败次数较多以及反复操作实验的次数也较多，那就需要有足够的经费、实验操作时间以及实验场地作为保障。所以，要设定专项的经费作为保证，方可把实验活动顺利完成。

教师安排任务给学生后，都是经过学生自主完成并对设计综合实验结果进行研究、分析。在实验中所遇到的难题，教师可引导学生独立找到解决方案。在实验操作中，教师的首要任务是检查学生的设计方案，带领学生进行实验操作，最后对实验结果进行检查。

四、设计性综合实验教学的设计以及实施

（一）对目标任务的具体要求

把符合标准的目标产品特点的检测产品和表征产品作为目标。其任务就是把合成、分离以及表征的有机化合物依据实验探究的要求，而进行正确的整合。把自己所学的理论知识和所查找出的资料相结合，自主地完成设计实验中的合成方式、条件反应、使用的原材料；在实验中所出现的问题都是通过学生自己的能力去寻找解决方法。按照所规定的鉴定步骤进行操作，并查找出与理论知识或者是实践标准不符合的原因。然后把实验方案进行重新设计，最后通过再一次进行有效的实验操作，目的是通过整个实验的结果分

析得出目标产物。

(二) 做好前期准备工作以及对实验室进行开放

为激发学生实验兴趣，可以把设计实验按照小组的形式进行实验操作。其小组的组成可以由学生的喜好进行自由组合。小组之间也可通过相互讨论的方式来提高对方的竞争力。教师要督促好学生完成实验前期的准备工作。学生所设计的方案要以安全性为主，并能够流利地回答出设计的依据。在教师对此核查后，实验才可以进行[①]。在开放实验操作活动中，教师也应不定时地对开放实验进行监督，这样才能了解学生的情况并作出正确的指导。

(三) 产物的鉴定以及表征

在合成产物层面上，学生要通过自己的能力进行沸点、折光率、密度，最后在教师的带领下进行数据的测试复核。测试结果出来，面对有问题的数据教师则会通过指引的方式让学生找到问题的根源并及时纠正。教师和学生共同完成气相色谱的测定，这个过程教师也起着指导的作用。例如，教师指导着学生把谱图进行详细的分析，若符合样品标准的就进一步进行红外测定、质谱测定以及核磁测定。接着，学生在教师的指导下进行图谱的分析。最后，获得正确的合成分析结论。

(四) 评价设计方案以及对材料的整理提交

学生们所得到的实验分析情况以及设计方案都是由教师进行评价的。在评价的过程中学生是有权利提出意见的。因为评价的目的就是让学生知道有机物的合成方法是多种多样的。材料的提交是有效地监督学生对材料进行整理。整理材料可以让学生进一步厘清实验思路、加深对理论知识的理解，并可以再次对实验操作进行检查。

在实验操作的过程中，学生不断地发现自己的问题、找到解决方法。在反复操作中，学生可以不断地提高自己的能力、巩固自己的知识，并从中找到实验的兴趣。

---

① 杨天林，杨文远，倪刚. 改革实验教学，走绿色化学之路——以无机化学实验教学为例 [J]. 实验技术与管理，2012, 29 (4): 17-20.

第五章　分析化学实验教学研究

第一节　基础实验教学

一、分析化学实验的目的

分析化学是以实验性和应用性为主要特征的一门化学基础课程，分析化学实验是其教学体系的重要构成要素。该课程的主要目的如下。

（1）使学生加深对分析化学理论知识的理解，正确使用各种分析方法及其实验条件，并能应用实验验证和发展理论。

（2）培养学生熟练掌握分析化学相关的基本实验技能，正确使用分析仪器，提高学生的实践技能。

（3）培养学生严谨、认真和实事求是的工作态度和勇于探索的科学精神，提高学生分析问题和解决问题的工作能力。

（4）使学生掌握正确表达分析结果和实验误差的能力。

（5）培养学生安全意识、规范操作意识和环境保护意识。

二、分析化学实验的基本要求

为了达到分析化学实验课程的教学目的，有效训练和提高学生的实践技能和创新能力，在本课程的学习过程中应做到以下几点。

（1）实验前充分预习。认真阅读实验讲义和参考书中的相关内容，了解实验的原理、相关实验步骤和注意事项，以及实验的结果计算等，完成实验的预习报告。

（2）实验操作要严格规范。遵守实验室的各项规章制度，提前做好实验用仪器的洗涤等准备工作，以严肃、认真、细致和实事求是的科学态度，在指导教师的指导下有序地进行实验。在实验中应保持实验区安静整洁，确保实验顺利、安全地进行。

（3）如实、准确地记录实验数据。仔细观察实验现象，将全部测量数据和实验现象及时记录在专用的实验记录本上。记录时应注意以下几点。

①记录本的页码应编号，不得随便撕去。不能将原始数据随意记录在小纸片上，以免丢失。记录应清楚标明实验名称和实验日期，以备查阅。

②要养成及时记录的良好习惯，所有数据必须即刻用黑色笔记录，并应力求简洁清楚。个别数据不小心记错时，可将其画去（不是涂改），并在该处的上方记录修正的数据。应尽量避免重新誊写，以减少差错率。

③记录测量的数据应符合有效数字原则。

（4）正确处理分析数据。不得随意取舍和臆造实验数据。应根据有效数字的计算原则正确表达实验结果和分析误差。一般要求平行实验数据间的相对偏差不超过 0.2%，对于复杂试样的分析及设计性实验等偏差要求可适当放宽。

（5）实验完毕，认真书写实验报告，总结和讨论实验中出现的问题，完成思考题。严禁抄袭与篡改实验数据和报告。

三、自主实验的特点与实践

基本实验与自主实验有截然不同的目的和要求。做基本实验时，要求学生按照给定的实验方法和步骤进行操作，对实验结果要求很高，而自主实验有更高的要求，尽量给学生一个自由发挥的机会，希望他们充分运用所学的理论知识和实验技术，自己选择分析方法、设计实验步骤，并在实验过程中进行试验、改进和完善，完成实验目标并对结果有讨论有评估。在 30 多年的课程开设中，自主实验经历了如下所述的两个探索阶段。

（一）分析样品较为确定的实验题目

在课程开设的教学实践里，前期多是分析样品较为确定的实验题目[①]。由学生针对选定的实验题目，运用分析理论课的基本理论知识和基础分析化学实验课的实验知识，适当查阅有关的参考资料，独立设计实验方案并进行实验。典型的实验题目是"配制多组分溶液的浓度的测定"，如，"HCl-

---

① 王文云，徐绍芳，周锦兰，等. 绿色化无机化学实验的应用与推广 [J]. 实验室科学，2009（6）：165–167.

NH_4Cl 溶液中二组分浓度的测定""HNO_3-Pb$(NO_3)_2$-Ca$(NO_3)_2$"溶液中各组分浓度的测定以及部分简单实际样品含量的测定实验，如："食用米醋中总酸量和氨基酸氮含量的测定""鸡蛋壳中钙含量的测定"。教学重点强调在实验过程中，提倡对不同的实验条件(例如，不同的指示剂、酸度、温度、试剂用量、样品的用量及处理方法)进行试验、对比，以便确定最佳方案。

(二)探索型复杂体系的实验题目

在课程开设的教学实践后期多是近十几年来的探索型题目。在所提供的实验题目中，学生能选择自己感兴趣的内容，独立查阅资料、设计方案，独自进行实验、撰写报告。提倡学生自始至终抱着探究的态度，大胆、理性地去质疑前人的工作；鼓励针对一种测定对象，尝试多种方法、多种实验条件，以便确定最佳方案；希望运用所学知识认真分析、解释实验现象和实验结果。

四、分析实验室安全守则

(1)熟悉实验环境，了解与安全相关的设施(如水、电、煤气开关、消防用品、喷淋装置、急救箱等)的位置和使用方法。进行实验时应穿实验服，佩戴防护眼镜。不宜穿短裤、裙子和拖/凉鞋，女生不宜留披肩长发。

(2)实验室内严禁饮食、吸烟、嬉戏打闹。实验结束后须洗手，必要时应漱口。

(3)使用浓酸、浓碱等具有强腐蚀性的试剂时应佩戴防护手套和防护眼镜，切勿溅在皮肤和衣服上；稀释浓硫酸时，应边搅拌边缓慢地将硫酸倒入水中，严禁逆向操作；使用挥发性、刺激性气体的试剂，须在通风橱内进行；在气温高的情况下，打开装有易挥发性试剂的密封瓶时，应先将试剂瓶在冷水中冷却后再进行操作；以嗅觉鉴别物料时，务必使用沼气入鼻的方法，严禁直接去嗅。

(4)使用苯、丙酮、三氯甲烷等有机溶剂时，切记远离火源和热源。使用完毕应立即将试剂瓶盖严，放于阴凉处保存。

(5)使用煤气灯时，应先将风门调小再点火，然后打开煤气，最后调节风量至火焰完全燃烧。进行加热等工作时，不能擅自离开。能产生腐蚀性气体的物质或易燃物质不得直接用气灯或在烘箱内加热。加热完毕应先关闭煤气阀门至火焰完全熄灭，再关闭风门。

（6）进行盐酸加热溶解碳酸钙、高锰酸钾加热等实验操作时，不得将烧杯口、试管坩埚口等对着人，防止由于气体、液体等冲击造成伤害事故。

（7）勿用湿手开启电闸或电器设备开关，以防触电。电器设备使用完毕，应及时切断电源。

（8）实验产生的各类重金属废液、腐蚀性废液和有机废液，应根据其性质分类并回收再请专业公司集中统一处理。

（9）少量酸、碱等废液可在中和至中性后直接排放。碎玻璃仪器和空试剂瓶需经自来水洗净后放入指定回收处，不得随意倒入废物桶。

（10）实验结束后，值日生负责对整个实验室进行清扫，检查并关闭水、电、煤气总开关及门窗。

五、在基础实验里开展自主实验的实践

基础实验项目本身就是经过岁月历练的经典内容，即使面对学时的减少、社会生活的变迁、科学前沿动态的发展，也要保留经典中的核心。因此在基础实验里进行实践探索，"沉淀重量法"和"络合滴定法"是必须要选择的。

（一）自主实验项目内容的选择设置

通过多年分析实验教学实践的反馈，在基础实验项目的后面增加一个需要两次课（15学时）完成的实验项目，通过模拟样品建立分析方法。衔接"基础"与"前沿"，秉承"信手拈来"教学方法，以主讲教师最新研究成果作为实验背景，选择分析样品——新的超导体 $Ba_{1-x}Pr_xBi_{0.20}Pb_{0.80}O_{3-z}$ 作为样品来源，其元素组成有 Ba、Pr、Bi、Pb，适合作为分析样品。考虑到实验课时有限，也可以由实验技术教师配制 Ba、Pr、Pb 的硝酸溶液来模拟分析样品，同时把1人独立完成调整成2人合作完成（部分情况下为3人合作完成）。主要是"沉淀重量法测定钡""络合滴定测定金属元素"两类实验项目的灵活开展应用。

沉淀重量法是一种非常重要的经典方法，在药品质量控制（药典）、环境检测等领域中都有很多应用，也是重要的仲裁方法之一。重量分析法不需要

基准物质做参比（为"绝对分析法"），通过直接沉淀和称量而测得物质的含量，其测定结果的准确度很高。在本实验项目中，应用沉淀重量法测定 Ba 元素，不但要学习沉淀重量法的基本要点，而且要建立恒重的概念。先测定只含 Ba 的硝酸溶液的模拟样品，熟悉并验证沉淀重量法，练习沉淀、陈化、恒重等关键实验环节，接着测定同时含有 Ba、Pr、Pb 元素的硝酸溶液。使用稀硫酸溶液作为沉淀剂时，不但有硫酸钡沉淀，还同时生成硫酸铅沉淀，摸索此时沉淀重量法测定 Ba 的分析条件，如沉淀时酸度范围、如何完全沉淀、陈化条件等。应用后面的络合滴定方法测出 Pb 含量，与沉淀重量法的结果比较做差，即可获得 Ba 含量。

应用经典的络合反应平衡进行滴定分析，络合滴定分析测定金属元素是常见的化学分析方法之一。基本知识点属于络合反应的范围，学习常见络合滴定剂 EDTA 标准溶液的配制方法，先分别测定只含 Pr 或 Pb 的硝酸溶液的模拟样品，在实验中理解体会酸度控制、络合稳定常数的意义。接着在混合溶液中，摸索通过控制不同酸度连续滴定 Pr 和 Pb 的分析方法。对于学有余力的学生，若是课时等条件允许，可使用课题组提供的超导体作为样品，体会固体样品的化学预处理方法。分析样品为前沿先进材料，有助于加强学生对分析化学测试的感性认识、激发其探索兴趣和学习热情。

（二）实验题目的范围明确可控

学生普遍有重理论、轻实验的倾向，他们在科学思维统筹实验方案方面也有欠缺，所以实验项目的题目不能过于开放，要有比较清晰的分析对象，只有如此，实验中的分析方法、具体方案、实验过程等才会比较清晰，指导教师（助教）才能适宜地安排教学过程，与学生互动讨论，实验室也能较好地提供支持，做好辅助工作。

（三）在限定的实验分析对象中强调应用经典分析方法

在完成前面的基本实验之后，增加基础实验项目，就是希望学生能充分运用前面所学的经典实验方法技术，完成自己感兴趣的实验项目，并在实验过程中进行试验、改进和完善。此前开设的一些实验题目虽然目的是给学生一个相对自由发挥的机会，希望他们独立查阅资料、设计方案，但化学的知识体系（如仪器分析）及科学的系统方法还没有建立，过多强调自由尝试，未免揠苗助长。具体现象就是，现在各类电子文献方便易得，学生会查到各种各样的文献，但并没有足够分析识别文献的能力，很多学生对于查阅到的分析方法，并不能吸收应用，多是"照方抓药"，成了另类的"基本实验——按照给定的实验方法和步骤进行操作"。而且很多文献方法并不可靠，应用到的实验仪器及药品五花八门，实验室难以承载相关教学辅助。"强调应用经典分析方法"是对指导教师（助教）提出的严格要求，只有教师吃透经典方法的基本原理、能够举一反三，才能一对一指导学生。教师要根据限定的分析对象，以经典化学分析方法为纲，理解应用文献方法，形成实验方案。

（四）在实验方案中强调"分析方法"概念的建立

"分析方法"是分析实验的核心概念，基本实验中已经给出确切的分析方法，要求学生按照给定的实验方法和步骤进行操作，这只是介绍了经典分析方法，分析方法的建立并没有得到训练，这部分需要在自主实验中强化完成。实验中要求自拟实验方案，就是要培养学生建立自己的分析方法。对于早些年开设的多组分溶液中离子浓度的测定的实验项目，由于样品是人工配制的，测定的过程不像实际样品有复杂的外界干扰因素，测定的过程自然就形成了离子浓度测定的分析方法。近年来开展了实际样品和复杂材料样品含量的测定实验项目。很多学生根据查询的特定应用型文献，比照文献，套用分析方法直接分析实际样品，实验结果不是很理想。并且由于实际样品中的很多干扰因素，对于实验结果的讨论也很难开展。这就是恰恰忽略了分析方法建立的环节，应先根据实际样品的组成及目标测定，配制模拟样品溶液，由易而难，从经典分析方法出发，逐步建立根据实际样品的特定分析方法，通过实验环节的修正改进，细化探讨实验细节，达到对已学知识的活学活用，建立简便、经济的分析方案。样品分析方法的建立就像一道数学题目，都要从公理定理出发，一步一步推导验证，达到一个结论。同时，这个过程也锻炼和培养了学生从事科学研究的严谨治学态度和思维方式。

（五）实验课助教的要求与培训

目前实验课教学师资队伍的主要成员是研究生助教，一项重要的工作前提就是研究生助教的培训。师资不做好充分的准备，教学就无从谈起。目前定量分析实验课的助教培训已经建立起一套严谨的规程，关键在于各个环节的认真执行。助教培训中不仅要让助教熟悉相关的实验内容细节，更重要的是要让助教理解教学理念，最终让他们能够融入教学过程中，而不是简单地完成任务。定量分析实验课的助教培训已形成严谨的规范，主要是"前期准备、集体培训、集体备课会和班前会"四个环节，各个环节的执行也很关键。

（六）实验课现场对安全环节的把控

在自主实验的过程中，学生实验操作自由度大，使用药品多且复杂，因此在公共教学实验室里，进行自主实验，对安全环节的把控显得尤为重要。学生在自主实验过程中应严格遵守操作规程，并有恰当的防护措施。同时实验室方面要制订完善的事故应急处理预案，实验过程全程有视频监控，实验方案由课程主讲教师和助教审核，对于危险化学品的审核相对于科研实验室应该更加严格，剧毒品不能使用，从原料试剂的审核到废弃物的处置全过程管理，要求进行自主实验的学生加强实验室废液的处理和回收，从而尽量减少实验室污染；同时在重要仪器设备的选择、培训、使用及维护方面也必须加强管理。

安全制度及管理是开展实验教学的必要条件，课程主讲教师是自主实验的安全负责人，要求每位学生严格遵守安全制度以及化学实验室安全指南。实验过程中所需试剂、药品和仪器，在实验室助教的要求以及实验室管理人员安排下使用。遇突发事故，立即报告主讲教师和值班室人员。实验结束后，务必将试剂、药品归还原位，清洗干净玻璃仪器等，妥善处理化学废弃物，做好实验后的卫生工作，告知实验室助教后方可离开实验室。这些行为习惯的培养，对于实验者将来无论是从事科研工作，还是其他事务都是有所裨益的。

六、进一步教学实践设想

基础分析化学实验课程中开展自主实验的探究实践还有亟待提高的方面。关于后续实验项目的开发，还将从三方面继续开展工作：①样品预处理的实验内容；②现实实际样品的处理分析——强调分析方法的重要性；③在现实实验中引入虚拟仿真实验——作为一些实验条件无法满足实验的补充。应用实践相关教育心理学理论，形成一套行之有效的教学方法和策略。

（一）在实验技术中引入样品预处理环节

样品预处理一直是学生实际操作中的弱项，现实科学研究工作、生产生活中的分析检测，样品预处理是必不可少的重要环节，甚至到了没有样品预处理就无法分析检测的地步，但在学生基本实验教学中的系统训练几乎没有，不够系统规范，不但给分析实验课程的开展带来一些困难，也不利于学生后面的实验学习。因此实验课教学团队提出的在药学院分析实验课程中，实验样品由合金变为药片，增加一个胃药铝酸铋样品预处理的实验项目建议，不仅有合金处理时的酸溶解样品的环节，更系统地增加了干法消解实际样品的各个环节，如炭化、灰化、酸溶等环节。以此制备铋铝待测溶液，以备后续实验项目连续滴定分析检测含量。

（二）培养学生的责任感，提高学生的兴趣，调动学生的主动性

责任是学习的原动力，兴趣是很好的浸润剂，可以活跃学习气氛、缓解压力，从而提高学习的效率。无论在实验技术的选择上，还是在实验内容的安排上，实验课教学团队都应尽量做到培养学生的责任感、提高学生的兴趣、调动学生的主动性。

实验技术的选择涉及我们期望学生学到什么样的内容。现代科学发展非常迅速，基础实验涉及的基本理念还被保留，但那些具体的实验方法已很少用得上了。如何实现其中的过渡，或许是自主实验可以解决的问题。所以自主实验中学生涉及的实验技术还是应当以基础实验介绍的方法为根本，在此基础上可以有适当的延伸，除光度法以外的仪器分析方法可以应用"虚拟仿真实验"来进行。

实验内容应当是能够进行创新的相关实验，即如果这个实验被正确完成，所获得的实验结果属于新的数据，可以鼓励学生进行发表论文的工作。

第二节　开放性实验教学

一、开放性分析化学教学现状

开放性分析化学教学已经广泛应用于实验教学过程中，取得一定成效，但也显露出了一些问题。其问题主要表现为三点。第一，开放实验室依附于教师的科研项目，教师科研内容是什么，实验室的主要实验操作就与什么有关。例如，教师研究的是石油提取，实验内容就与石油提取有关，不会进行金属冶炼。如此一来，学生深入学习，自主探究的机会较少，主要工作就是实验操作，并不能真正提升能力，无法达到提高实验操作水平的目的，未发挥开放式实验教学的重要作用。第二，开放实验内容单一，缺乏学科间的综合与交叉，致使实验内容过于贴近课堂，与生活无关，缺乏创新性。第三，实验教学课程紧，任务重，不能保证全天开放，致使开放时间短，学生无法在开放式实验室进行更深入的学习，学习效果一般。

二、开放性分析化学教学实验意义

开放性分析化学教学实验不仅能够提高教学质量，还能够发挥学生学习的主动性，具有重要作用。其重要性主要体现在以下两个方面。第一，尊重学生主体地位，使学生成为学习的主人。通过开放性实验教学，学生具有充分的主动权，真正成为学习的主人，学生可以根据实验时间与内容，自主学习，开展创新实践活动，为实验添加新的想法，活跃思维，提升创新能力。不仅如此，学生还可以参与到教师的科研项目之中，开展实验活动，对知识进行进一步的理解研究，并自主设计实验过程，充分锻炼综合能力以及实验技能，提升学生分析问题、解决问题的能力。第二，辅助教师科研，提高教学质量。通过开放性实验，教师可以联系学科前沿，进行科研活动，在科研上不断创新，取得较好的成果，为教学增添新鲜血液，从而提高教学质量。

三、开放性分析化学教学实验模式

(一) 全方位开放实验中心

全方位开放实验中心能够给予学生更加充足的时间与自由，促进学生更好地学习与研究。全方位开放实验中心需要做到以下几点：第一，遵循实验室管理原则。实验室管理原则以学生管理为主，教师管理为辅。全方位开放会使实验室开放时间较长，教师无法面面俱到，而利用学生进行管理更为有效，可将责任落实到个人，明确分工，促进管理的合理化与有效化。第二，完善实验室管理规范。对实验室进行有效管理，为全方位开放实验中心创造有利条件，从而促进开放式实验中心的合理应用，为学生学习打下坚实的基础，提高实验教学质量。第三，给予学生足够的时间与自由。教师负责进行实验，但学生可以不与教师进行同步实验，如果学生感觉自己在实验方面存在欠缺，可以观看教师实验，与教师同时进行实验，请求教师给予一定的帮助与指导。如果学生认为自己熟悉实验过程，了解实验步骤，可以根据自己的时间安排，在情绪状态较好的情况下进行实验，保证实验质量。

(二) 构建开放性实验室

构建开放性实验室需要做到以下几点。第一，根据实验的难易程度、学生的学习情况、实验技能等进行开放性实验室的构建。学生的学习基础与学习能力不同，对实验的操作能力不同，针对低年级、低基础、实验能力较为薄弱的学生，主要开设技能训练类的实验项目，研究验证性实验。针对高年级的实验能力较强的学生，主要开设设计性实验以及综合性实验，并引导学生参与到科研项目之中，提升学生的科研能力，培养高素质综合人才。第二，根据分析化学学科特点进行开放性实验室构建。根据分析化学学科特点设置实验，提高学生实验的主动性与积极性，提升学生的实验操作能力，达到理想的教学效果。第三，针对不同开放性内容采用不同的构建形式，在学习验证性实验时，教师指定教学内容并指导学生进行实验操作，在实施研究性与综合性实验内容的情况下，可以通过教研论证，研究实验操作的难易程度以及可行性，以便进行有效的实验操作，提高学生实验操作能力。

(三)增强师资力量,保证教师在实验教学中的指导作用

教师在开放性实验操作中发挥着重要作用,增强师资力量,提高教师的实验指导能力以及实验操作能力,是保证教师在实验教学中发挥指导作用的关键。增强师资力量需要做到以下几点:第一,招聘实验能力强、专业技术强的教师,保证教师具有较强的实验操作能力以及实验指导能力。第二,组织教师外出学习,提高教师的专业能力,促使教师不断学习,接受前沿的知识理论。例如,学校可以开展教学交流讲座,也可以安排教师去其他学校参观,还可以邀请名师开展讲座,从而提升教师的专业能力,保证教师能够发挥出重要的指导作用。

研究开放性分析化学教学实验模式至关重要,是提高分析化学教学效果,有效开展实验教学,促进实验教学模式革新发展的关键。通过了解分析化学教学现状,阐述开放性分析化学教学实验意义,构建开放性实验中心,能够有效应用开放式教学模式,提高分析化学教学质量,促进开放式实验教学模式的发展应用。

第三节 设计性分析实验教学

所谓的"实验教学"是指基础教育的实验教学,即普通中小学的实验课程教学问题,而非高等教育的实验课程教学和职业教育的实训课程教学。

实验教学论则是要详细论述基础教育实验教学在认识论、方法论、道德论和历史观等方面的理论问题,其构成了完整的知识体系。与其他理论研究一样,实验教学论的认识论问题是针对该理论的研究对象与研究目的提出的,即要解决"是什么"与"为什么"的问题;方法论问题是针对该理论的研究内容与研究方法提出的,即要解决"做什么"与"怎么做"的问题;道德论问题是针对该理论的逻辑起点提出的,即要解决"何以这样想"与"何以这样做"的问题;历史观问题是针对该理论的历史起点提出的,即要解决"前人怎样想"与"前人怎样做"的问题。

一、开设设计性实验概述

《教育大辞典》中对"实验教学"一词的解释是："实验教学是实践性教学的一种组织形式。学生利用仪器设备，在人为控制条件下，引起实验对象的变化，通过观察、测定和分析，获得知识与发展能力。在基础课和专业课中广泛应用。其目的不仅是验证书本知识，更着重于培养学生正确使用仪器设备进行测试、调整、分析、综合和设计实验方案、编写实验报告等能力。实验前，教师需编写实验指导书，并在课前发给学生预习。实验中教师要巡视，加强个别指导。结束后，认真评阅实验报告，作为成绩考核的主要依据。"

从上述解释中可以看出：①实验教学是以学生为主的一种实践性的教学活动；②实验教学中应有仪器设备构成的实验环境；③学生在此活动中既要进行观察、测量和分析等工作，又要进行实验内容预习、仪器的测试和调整、实验方案的设计、实验报告的撰写等工作；④实验教学的目的是使学生获取知识和发展能力；⑤教师在整个活动中要指导学生预习实验内容、操作仪器设备、控制实验过程，还要评阅学生的实验报告并给出相应的成绩。故实验教学应该具有3个主要元素：①教师和学生共同参与；②由实验仪器设备构成实验教学环境；③教学内容是独立于课堂教学内容的，而教学形式是学生自行操作训练。实验教学必须是教师和学生共同参与的一种实验活动，只有教师参与的实验称为演示实验，而只有学生参与的实验是课外实验或社会实践活动，都不属于我们在这里论述的实验教学范围。实验教学必须是在由实验仪器设备构成的实验教学环境下进行的，这些实验仪器设备是实验教学必不可少的教具和学具，不具备实验仪器设备的教学活动不属于我们所说的实验教学范畴[①]。实验教学内容完全独立于课堂教学内容，这说明它绝对不是课堂教学讲授内容的重复，不是另一种表现形式的教师课堂讲授的内容。而它的教学形式则是以学生参与的动手实际操作为特点，动手动脑是学生在这种教学环境下的主要学习形式。

---

① 杜锦屏，芦雷鸣，吴云骥，等．浅谈无机化学实验的绿色化 [J]．化工时刊，2011，25（1）：64-65．

二、开设设计性实验的意义

学校学生不仅需要具备必要的理论知识、工作技能，还需要具备创造性思维，能够独立地进行开创性的工作。这在我国现代的高等教育理念中已十分明确，高等院校的学生今后无论是继续深造攻读研究生，还是服务于社会，或者在学校中任教，都需要创造性的思维。

三、设计性实验的特点

威廉·德劳斯曼提出，用科学的方法探索事物的本质和规律，为了某一目的而搜集、分析资料的系统过程，应包括"研究问题、查阅文献、收集资料、分析资料、得出结论"这样几个环节。探究性教学应把"科学家的研究过程引入教学过程"，其教学的"设计和探索具有模拟性、再现性、验证性的特征，学习过程和研究过程是统一的"。

（一）设计性实验必须有基本理论和基本实验技能的基础

设计性实验不是凭空想象一个实验，而是在一定知识积淀的基础上的一次创造性活动。比如，在学生学完了植物生理学理论知识以后，并且在完成了植物生理学的基础实验，掌握了基本的实验技能以后，才可能进行。

（二）设计性实验没有现成的实验具体步骤可依赖

因为设计性实验是一种创造性活动，所以不能照搬现成的实验方案，而是应该应用所学过的实验方法，组建一套新的实验方案。这是一种创造性的设计过程。

（三）设计性实验必须有自己独特的思路和方法

因为设计性实验是创造性的实践过程，因此对选题、解题思路、实验方法以及解决问题、分析问题的方法要求有所创新。即使不能全新，也要求有部分创新。

（四）设计性实验着重于发现问题、分析问题、解决问题

设计性实验对于第一次接触它的学生来说，是很有挑战性的。因此，对学生要求不能太高。教学目的主要是培养他们发现问题、分析问题、解决问题的能力。

（五）设计性实验要求写小论文

设计性实验的最后报告要求以正规论文范式写作，虽然不一定要求达到发表的水平，但要求学生学会按科研论文格式写作，懂得什么是"摘要"，什么是"引言"，什么是"材料与方法"，以及如何写"结果"，如何对"结果"进行"讨论"等。

四、学生能力培养

设计性有机实验是给定实验方向及条件，由学生设计实验方案并加以实现的实验。要求学生在具有一定理论知识、实验技能的前提下，把所学到的有机化学知识创造性地运用到实验当中。这对了解科研流程，激发科研兴趣，培养学生发现问题与解决问题的能力有重要作用，为学生以后完成毕业论文以及从事相关的科研工作打下良好的基础。

（一）培养学生文献检索能力

文献检索能力是从事科学研究工作不可或缺的一项本领，培养学生的科研素质首先就要培养他们查阅文献的能力。在设计性有机实验开始之时，只给学生一个实验方向，要求学生首先检索文献。鉴于二年级学生的文献检索能力和专业文献阅读能力较弱，一般首先安排一次讲座，请指导教师讲解如何查找文献。要求学生根据研究内容先查阅最近几年的中文期刊综述，让他们通过综述了解相关课题的进展，了解有哪些人做过相关的工作，以及此类工作的发展趋势。在熟悉相关工作之后，引导学生根据实验室条件明确实验目标并选择合适的路线，指导学生根据综述的参考文献进行追踪，查找原始文献。通过这种方式可以让学生了解科研工作中文献检索的基本流程，培养学生查阅化学文献的能力。

(二) 培养学生实验方案设计能力

实验方案设计是学生运用已具备的化学知识和实验技能构思解决问题方案的过程。实验方案设计也是设计性实验教学的一个重要环节，是做好设计性实验的关键。设计性实验具有较大的开放性，实验的过程、产物的分析以及结果的评价都要由学生自己设计，完全不同于按部就班的传统实验模式，这给学生提供了一个发挥创造性的空间，让他们真正有机会去思考、创新。学生独立设计的实验方案，包括合成原理与途径、主要仪器装置、实验药品准备及操作步骤等。这要求学生尽量提出不同的方案，再经指导教师审查，指出明显不合理的地方加以改正，对实验室不具备的条件，则说明情况，引导学生修改方案。如选择壳聚糖羧基化改性作为设计性实验就是考虑到相关文献以期刊为主，没有类似实验教材那样的详细资料，这样可以让学生依据参考文献自己设计实验方案、选择实验器材、拟定实验步骤。对于习惯按教科书做实验的学生来说，实验方案的设计难度比较大，学生往往感到无从下手，这时教师应该逐步引导，教会他们按照文献和实际条件设计方案。首先应该让学生了解设计实验方案要把握的主要环节：实验原理，试剂与仪器，实验步骤，结果讨论。实验原理部分要利用文献，从有机化学理论上证明实验课题切实可行。试剂与仪器部分要详细列出实验要用到的各种试剂和仪器，教师要提醒学生按照现有的实验条件进行设计，不能设计超越现有条件无法实施的方案。实验步骤要有详细的实验操作过程，教师要审查其可行性，有可能的话还应注明关键步骤的注意事项。结果讨论部分主要考虑实验产物如何检测、表征，实验数据如何处理。在方案设计阶段，还应该告诉学生除要能实现预期目标外，安全因素、经济因素以及环保要求也是必须考虑的问题。

实验方案设计是从事科研工作的基本要求，在设计性实验中，有计划地培养学生实验方案设计能力是提高学生科研素质的重要手段。对学生来说，一开始可能会因经验不足，设计的方案可行性差，使实验遭遇挫折，这种挫折是培养科研素质的宝贵经历。

(三) 培养学生综合实验能力

设计性实验一般都是综合性实验，在实验中融入了教学大纲所要求的大部分基本有机化学实验技能，如蒸馏、重结晶、抽滤、萃取、检测及分析等，把过去单独进行的操作有机地组合起来，贯穿于设计性实验的全过程中。实验有较强的连续性和综合性，一方面可以加深学生对基本操作重要性的认识，另一方面可以训练学生对各种基本操作的综合运用能力。在设计性实验中，实验目标与每步操作息息相关，要达到设计的目标，除合理的实验方案外，还要求学生对每步实验操作，每个环节都要精心操作，稍有疏忽就会前功尽弃。这就给了学生适当的压力，促使学生尽量小心操作实验，注意观察实验中出现的异常现象，在教师的指导下通过认真分析解决问题。这样，学生的综合实验能力就能得到培养，就能够树立学生严格认真和实事求是的科学作风，并养成良好的实验习惯。

设计性实验从查阅文献、设计实验方案开始，经过多步实验操作制备产物，最后对其进行检测分析，基本经历了科研工作的全过程，这极大地培养了学生的科研素质以及科研能力。

第四节　定量分析实验教学

基础定量分析化学实验是化学、化工、环境、食品、生物、医学等专业的一门基础实验课程，该课程赋予化学分析"量"的概念，通过基本操作实验的训练和验证性、综合性与设计性实验的学习，使学生掌握分析化学的理论知识及其实际应用。

一、设计性实验项目的改革

选择合适的设计性实验项目是顺利完成设计实验的关键。设计性实验项目必须具有一定的深度，能涵盖一定章节的内容，如果选题太简单，深度不够，学生不需要思考，不需要查阅文献，只需翻阅理论教科书，便可找出答案，没有了挑战性，对实验项目失去兴趣，学生做实验也就提不起劲来，达不到最终的教学效果。如果选题太难，超出已有理论知识范围，往往会让学生不知道如何下手进行设计，挫败他们的学习积极性，极易应付了事。为此，我们在实验项目选题时，要依据学生已掌握的理论知识水平和基本实验操作技能，选择深度难度适中，可操作性强的项目。同时要求项目比较实用，最好能贴近人们日常生活所认知的物质，这样会使学生学以致用，学有所用，以便激发学生智慧的潜能。如"果汁中酸度测定及维生素 C 的测定"，就要求学生应用酸碱滴定法和氧化还原滴定法进行测定，学生要查阅相关资料及文献，了解果汁饮料中主要含有哪些成分？果汁中的有机酸主要是什么酸，是强酸还是弱酸？酸度测定是测总酸度还是测各种有机酸的酸度？测定时采用什么指示剂及原因？而对于果汁中的维生素 C，就要了解维生素 C 的一些性质，如维生素 C 有很强的还原性，在空气中极易被氧化，尤其是在碱性介质中，因而测定要在弱酸性介质中进行。测定采用的是直接碘量法还是间接碘量法？用什么控制溶液的酸度？最后还要了解果汁中有机酸和维生素 C 的含量，以便计算果汁的取样量。

二、结合专业开设实验内容

某校目前有应用化学专业、高分子工程专业、制药工程三个专业。以往的基础定量分析化学设计性实验，各专业学生都以"鸡蛋壳中钙含量的测定"为题目开展设计性实验，实验内容结合专业不强，且项目单一，学生在设计实验过程往往会相互抄袭，这与原来设计性实验开设的初衷相违背。为此我们针对不同的专业，结合专业的特点开出不同实验内容的项目。如在应用化学专业开出 NaH_2PO_4-Na_2HPO_4 混合盐分析、$NaOH$-Na_3PO_4 混合物的分析、鸡蛋壳中钙含量测定、果汁中酸度测定及维生素 C 的测定、漂白粉中有效氯和总钙量的测定等实验；在高分子工程专业开出壳聚糖脱乙酰度测定、甲胺基乙腈测定、马来酸酐接枝聚丙烯中的酸酐含量、聚合氯化铝中氧化铝含量的测定等实验。

三、以小组为团队，讨论设计实验

以往设计性实验全班都统一一个项目，要求每个学生独自设计，目的是促进学生独立思考、独立分析及独立实验。但实际上由于项目单一，总有部分学生设计时偷懒而相互抄袭，这样达不到预定的实验教学效果。为此我们对设计项目进行改革，一个班有 7 ~ 8 个的设计项目，要求学生 3 人为一组开展一个实验项目的设计。小组成员之间相互查阅文献资料，对实验方案进行讨论，确定实验方法，写出具体的实验步骤，如标准溶液的配制和标定，指示剂的选择，试样的称样量，等等。在写好设计方案后，将设计方案提交给教师审核。在实验过程既分工又协作，相互帮助，共同完成实验内容[①]。在整个过程学生集思广益，学会了讨论、分工与协作，深刻体会到一个人的力量是有限的，但团队协作的力量是巨大的。

四、改革实验室管理制度

由于设计实验内容相对复杂，所用的试剂较多，实验时间也较长，有时实验还可能遇到挫折，需要修改与调整，因而以往的固定时间、固定学时的实验方法显然不适合设计性实验的要求。因而采用开放实验室来满足设计性实验的要求，学生在网上预约申请实验时间，待实验室管理教师确认后，可以进入实验室进行实验，如实验过程遇到问题或实验失败，可以申请延长使用时间，保证学生有充裕的时间完成实验内容。这种实验室管理方法不仅有利于提高实验室的使用效率，还有利于学生进行实验的坚持、耐性和创新能力的培养，对学生专业素养的提高极有益处。

五、改革实验的成绩评定标准

传统的验证性实验成绩评定，主要从学生提交的实验报告予以评分，实验报告内容包括实验目的、实验原理、仪器药品、实验步骤，数据处理，误差分析及讨论。而设计性实验的成绩评定应结合实验方案的设计、小组的课堂讨论、实验操作规范、实验时间与实验次数、实验数据处理方法及有效性、分析结果讨论及不同方案的比较与评价等方面予以全面评定。对特别有新意的和创新性的设计方案适当加分，以鼓励学生多开动脑筋、独立思考，大胆创新。

基础定量分析设计性实验可以从设计性实验项目、不同专业实验内容、

---

① 张桂珍，张燕明 . 绿色化学在无机化学教学中的融入与实践 [J]. 高等职业教育天津职业大学学报，2006，15(6)：29–31.

实验成员组成和实验室管理制度方面进行改革创新，并改革成绩评定的标准，这对学生实验技能的提高和创新能力素质的培养有重要的作用。

第六章　环境保护背景下的化学实验教学

第一节　绿色化学的原则与绿色化学试剂

化学工业是我国工业支柱性行业，简单地划分工业体系，包括重工业、轻工业和化学工业。化学工业的发展极大地推动了人类物质生产和生活的巨大进步，可以说国家的发展与人民的社会生活已完全离不开化学工业和化工产品。然而，目前化学工业在给人类带来益处的同时，也给人类和自然环境带来了严重有害的影响甚至是灾难，使得社会上产生了"化工与污染成为必然联系"的错误观点。同时我们也不得不承认，长期以来，污染一直是困扰化学工业的致命问题，它阻碍着化学工业的健康发展。

在这种情况下，越来越多的化工企业开始着眼于通过绿色化工改进生产工艺和加强管理等措施来消除化工污染，并提出了绿色化工的环境保护战略，开始从污染治标转向治本，即开发绿色化工生产新工艺技术和新产品，从生产源头上消除污染。绿色化工是具有产业革命性的科技战略，具有重大的环境、经济和社会意义。

一、绿色化学的 12 项原则和 5R 理论

(一)12 项原则

(1)防止——防止的核心在于不产生，而不是产生之后再处理。

(2)原子经济——前面提到的最理想状态，将产物百分之百的反应成需要的产物。

(3)较少有危害性的合成反应出现——要尽最大可能地减少甚至不产生副产物。

(4) 设计的化学产品是安全的——低毒性甚至于无毒性是未来化学产品的必然需要。

(5) 溶剂和辅料是较安全的——要尽最大可能地采用无毒、无害或者易于环保处理的无毒物质。

(6) 设计中能量的使用要讲效率——要尽最大可能去提高反应过程中的转化率，进而使得投入的原料都反应生成产品。

(7) 用可以回收的原料——这样做不仅是绿色环保的需要，还是提高产能与效益的需要。

(8) 尽量减少副产物——要尽最大可能去减少甚至不产生副产物。即使有副产物产生，也尽可能是易于环保处理的物质。

(9) 催化作用——高效催化剂的使用，可以有效地抑制副反应的发生，从而减少污染物的生成。

(10) 要设计降解——化学物质的最大可能是采用无毒、无害或者易于环保处理的无毒物质。

(11) 防止污染能进行实时分析——生产过程中通过控制和检测，抑制副产物形成。

(12) 从化学反应的安全上防止事故发生——工艺设计时还要考虑到各种物质在生产过程中的安全技术指标，减少甚至避免化学事故的隐患。

(二)5R 理论

①减量——Reduction；②重复使用——Reuse；③回收——Recycling；④再生——Regeneration；⑤拒用——Rejection。

二、化学试剂

(一) 化学试剂行业简述

化学试剂行业是典型的精细化工行业，不仅是化学工业中的一个重要组成部分，也是现代经济建设和科学技术研究不可或缺的基础物质条件[①]。

---

① 徐飞，李生英，王永红，等.无机化学实验教学中渗透绿色化学的探讨 [J].甘肃科技，2006，22(7)：216–217.

化学试剂行业服务于科学技术研究和国民经济发展，一直被誉为"科学的眼镜"和"质量的标尺"。在现代科技飞速发展的今天，化学试剂行业已成为科技和经济发展不可或缺的先行行业，其发展水平标志着一个国家的科技与经济的发展水平。

(二) 化学试剂行业特征

1. 种类极多

化学试剂应用广泛。据统计，目前全球化学试剂品种已达20万种之多，经常流通使用的品种也能达到5万种以上。与种类繁多相对应的是化学试剂的生产总量并不是很大。除了个别长期使用的检测用化学试剂，绝大多数的化学试剂产品生产一定量产品后，中短期就不会继续生产。

2. 技术复杂

化学试剂品种繁多，几乎囊括了化学物质的所有门类。加上不同于一般工业品，一种物质在化学试剂行业会有很多不同的等级，而每种等级对生产和使用的要求又不尽相同。因此，化学试剂的生产技术与科研水平代表着整个化学工业科学技术的最高水平。可以毫不夸张地说，化学试剂的研发生产应用到人类目前所有与化学相关的技术与领域。

3. 联系密切

化学试剂广泛应用于各行各业。据不完全统计，在联合国公布的工业分类中，全部39个大类都与化学试剂有关联。无论是化工、钢铁、电力、石油等传统工业，还是航空航天、新材料、微电子、生物医药等新兴先进制造业领域，化学试剂都起到关键性作用。因此，虽然化学试剂行业工业总量相对不大，但却与其他行业联系密切，影响深远。

4. 矛盾突出

化学试剂的生产对技术的要求较高，而对于资金投入，设备投入以及人员投入要求不高。对于我国目前而言，科学技术相较于其他因素的制约性更大。因此形成了在化学工业其他领域都大量过剩的情况下，我国的化学试剂行业仍然通过进口分装的方式来满足国内高端产品的需求。

(三) 影响化学试剂行业发展的不利因素

1. 国家对企业安全与环保提出更多监管要求，导致相关运营成本增加

政府有关部门在加强化学试剂行业规范管理的同时，对行业内的企业提出更多监管要求。例如，增加安全设施、消防设施、环保设施的投入，选择更安全、更环保的工艺等，这些会在一定程度上增加企业的运营成本。

2. 国内化学试剂研究相对滞后

我国化学试剂在生产技术、产品开发等方面的研究相对国际水平总体滞后。对化学试剂的基础研究、开发应用研究投入不足，产品以模仿和跟进为主，无法完全满足国内生产与科研的需求，制约了化学试剂行业国际竞争力的形成和发展。

3. 下游行业日益增加的贸易壁垒可能影响国内化学试剂行业的需求

随着我国国际贸易日趋频繁，在一些化学试剂的应用领域，如电子、电器、食品、机械等，国际贸易摩擦越来越多，对这些行业造成负面影响的同时，也将对化学试剂行业的发展造成一些负面影响，在一定程度上影响国内化学试剂行业的发展。

三、化学试剂行业的绿色化发展

(一) 清洁生产工艺改造

以往试剂生产由于量少质优，附加值极高，因此在生产过程中更多地考虑的是质量保证而不是清洁保证。加之生产数量较小，造成的生产"三废"总量也不大，也就不去计较排放问题。另外，试剂生产往往工艺路线较多，在考虑到"三废"治理等环保因素的综合比对时，往往要求我们在路线上进行重新规划。这无异于推倒重来，对技术要求极高。科学技术 (而不是资金设备)，将是未来试剂行业突破发展的关键所在。因此，实现真正的清洁生产工艺，就要摒弃以往的工艺路线，通过不使用有毒、有害、难降解的催化剂，或者不产生有毒、有害、难降解的副产物来达到要求。

(二) 同系列物的集中生产

化学试剂虽然种类繁多，但分门别类进行区分，我们往往可以将同系列物进行集中生产。这样的好处在于，同系列物的"三废"排放往往类似，对治理设施和治理工艺的要求也往往一致。从而达到优化成本，提高效率的目的。另外，同系列物质对生产控制与人员要求类似，管理成本也是一直降低。这就要求试剂行业，从主观上改变以往小而全的生产模式，向专业体系分工协作发展。

(三) 中间体质量控制

化学试剂生产往往需要很多步骤反应才能得到最终产品。在这个过程中会有很多不同的副产物出现。每个副产物的出现都是一种新的"三废"产生。因此这就更加要求我们在每步的生产过程中尽量保证中间体的纯度，以减小副反应的发生。同时对控制和检测的要求与保障，将从根本上扭转以往试剂行业，更加重视原料和产品的检测，进而轻视中间体的检测与反应过程控制。

(四) 适应性广泛的治理污染设备

试剂生产不同于大化工生产，往往数量少而种类多。对于污染治理设备而言，数量大就加大处理能力的容量以及功率即可，而对适应不同种类物质的多用途设备却要求不高。因此目前市场上污染治理设备的产品，都不适用于化学试剂的生产，需要进行适应性改造。笔者参与了一些试剂行业的治理污染的活动，切实体会了目前市场上对于化学试剂行业以及大型科研院所污染治理专用设备的严重稀缺。

(五) 分离手段与设备的提升

以往的化学试剂生产对分离手段往往是集中在保障产品本身的纯度上，毕竟产品纯度是化学试剂的灵魂所在。但绿色化工要求我们在分离纯化产品的同时，还要将其他副反应产生的物质纯化分离，并尽可能地达到商品级别纯度。这样在增加利润的同时，还减小了污染物质的产生。这就要更多地从设备上着手，而改变以往从工艺路线上想办法的状况。

第二节　环境保护背景下微型化学实验

一、微型化学实验的提出

微型化学实验（Microscale Chemical Experiment）是在微型化的仪器装置中进行的化学实验，其试剂用量比对应的常规实验减少90%以上。采用微型化学实验仪器可以节约试剂和时间，训练学生的操作技巧，使教师和学生得以在有限的学时内，有限的经费条件下完成实验教学的要求。

20世纪50年代，我国赴美学者马祖圣对微型化学实验技术进行了系统的研究工作，并于1975年出版了第一部有关微型化学实验的专著《化学中的微型操作法》。该书介绍了多种微型化学实验技术和大量微型实验仪器的设计。1982年，美国Dana w.Mayo博士和他的同事们在Bowin学院和Bron大学等几所院校的基础有机化学实验中试用微型实验取得成功。

针对我国化学教育中实验教学薄弱的教学环节，如学生动手率低、实践能力差这些"根本性的缺陷"，摸索通过推广微型化学实验，实现每人一套仪器，人人动手实验，以实验教学革新带动化学教学改革，贯彻全面推进素质教育的方针，实施以培养创新精神和实践能力为核心的素质教育的研究与探索实验。

二、微型化学实验的优点

（一）用量少、节约成本

微型化学实验是用尽可能少的化学试剂来获得所需化学信息的实验方法与技术。在进行微型化学实验时，药品的用量仅仅是传统化学实验试剂用量的几十分之一甚至是几千分之一。所以，试剂用量较少，经费投入自然比较小，从而能够达到节约实验成本的目的。这一优点，在经济相对困难的中专学校，使开展化学实验成为可能。

（二）污染小、安全性高

在化学实验过程中，经常会产生一些废气、废液等，如果处理不当可能就会污染环境甚至会危害到人们的生活健康。比如，在使用高锰酸钾制取氧气的过程中学生有时不听取教师的建议，随意称取实验用品的质量，造成大量的资源浪费；而且高锰酸钾本身就有一定的毒性，会腐蚀我们的皮肤，在清理方面也存在一定的难度[①]。微型化学实验在该方面就存在较大的优势，由于它的实验用量较少，因此在进行微型化学实验后所产生的废气、废液等相对较少，造成的污染也相对较少，相较于传统化学实验更安全，更符合绿色化学的概念。

（三）实验易、效果更佳

由于实验仪器的微小化和实验试剂的微量化，实验在达到预期效果的时间相较于传统化学实验的短，教师不用担心开展化学实验浪费课堂时间，影响教学进度。由于实验成本相对较低，学生可以每人一套实验仪器来开展实验，不会造成"教师讲实验、学生听实验"的尴尬教学实验模式的出现。微型化学实验的很多实验仪器可以在生活中找到代用品。比如，导管可以用吸管、笔芯来代替，漏斗可以用饮料瓶的上半部分来代替，水槽可以用各种塑料盒塑料碗来代替等。在实验过程中利用生活中常见的用品，可以培养学生学习化学的兴趣，提高教学效果。此外，由于其成本相对比较低廉，安全性高，产生预期实验结果的时间相对较短，学生可以人手一套实验仪器，尽可能多地来设计实验方案，可以一一对实验进行验证，进而培养学生的逻辑思维能力和实验动手能力。开展微型化学实验教学符合新课改的要求，有利于培养学生的全面发展。

---

① 徐飞，李生英，汪淼，等 . 无机化学实验绿色化设计与探索 [J]. 甘肃高师学报，2012，17（2）：86–87.

三、绿色化学与微型化学实验有机结合的意义

(一) 微型化学实验是绿色化学理念在实验中的表现

"尽可能小剂量实验"是指实验者为达到一定的实验目的，在可能的实验条件下用尽可能少的化学试剂进行的实验。"尽可能小剂量实验"是没有终止的，呈动态发展趋势，是每个化学工作者无论在什么实验条件下都应该考虑的问题。为了保护环境，只要能达到实验目的，我们能不能把实验技术、方法、仪器和设计等改革一下，使改革后的实验相对于改革前，尽可能少用一点试剂？这样，每位化学工作者，都可能成为实验的改革者。"尽可能小剂量实验"是一种思维方向，为了追求新的"尽可能小剂量实验"，需要不断解放人们的思想，推动化学实验的不断改革，这是化学实验改革和发展的动力之一，是绿色化学思想在化学实验中的具体表现。

(二) 微型化学实验有助于树立绿色化学的观念

微型化学实验是绿色化学的重要组成部分。20 世纪 90 年代初，联合国环发会议提出的可持续发展的战略思想很快得到世界各国的重视。绿色化学是在化学化工领域贯彻实施可持续发展战略的具体行动，它使用化学药品的 5R 原则也是微型化学实验所遵循的原则。微型化学实验表明，点滴的化学试剂都能发生明显的化学反应。因此，绝不能像过去那样，做完实验，把废液往下水道一倒，自来水一冲了事。即使对少量的"三废"，也要做必要的处理。这种观念与习惯的养成为实施绿色化学打下了坚实的基础。所以，微型化学实验是绿色化学的一项实验方法，是迈向 21 世纪的化学工作者都应该掌握的一项技术。

第三节　环境保护背景下绿色有机化学实验

一、绿色化学的定义

"绿色化学"一词被 Cathcart 在 1990 年发表的一篇论文的题目中最早使

用。1993 年，美国环境保护局将其 1991 年启动的"为污染预防变更合成路线"研究计划更名为"绿色化学计划"，并赋予了"绿色化学"用化学预防污染的含义。在 20 世纪 80、90 年代，绿色化学知识刚产生时，绿色化学也被称为"环境无害化学""环境友好化学""清洁化学""可持续化学"，目前比较统一的名称为"绿色化学"。

绿色化学这一概念经受住了时间的考验，如今"绿色化学"已经众所周知和普遍使用。经过 20 多年的研究与发展，绿色化学由认识到实践，正在为合理利用资源、解决环境污染和可持续发展等发挥重要的作用。随着绿色化学研究和实践的不断深入，其定义也在不断地发展和变化，其内涵也逐步变得完善和丰富。1996 年，Anastas（被誉为"绿色化学之父"）和 Williamson 给出了绿色化学的第一个定义，此前绿色化学并没有明确的定义。"绿色化学是用化学的技术和方法去减少或消除那些对人类健康或环境有危害的原料、产物、副产物、溶剂和试剂等的使用或产生。"这一绿色化学定义在国内被广泛传播。1998 年，Anastas 和 Warner 出版了被誉为经典之作的专著，把绿色化学定义为："利用一系列原理来降低或消除在化学产品的设计、生产和应用中危害物质的使用或产生。"1999 年，Anastas 又把绿色化学定义为："设计能降低或消除危害物质的使用和产生的化学产品和过程。"随后"绿色化学"被国际纯粹与应用化学联合会（IUPAC）认可，被定义为："发明、设计和应用能降低或消除危害物质的使用和产生的化学产品和过程。"美国化学会（ACS）把绿色化学定义为："设计、开发和实施能减少或消除那些对人类健康和生态环境有危害的物质的使用和产生的化学产品和过程。"比较前面的几个定义，Anastas 在 1999 年提出的绿色化学定义用词简洁、内涵完整，此定义被美国环境保护局采用，被文献引用得也最多，因此成为绿色化学的经典定义。

二、绿色化学教育

化学学科的发展必然要带动化学教育内容的变化，化学教育也应该体现化学学科的新知识、新进展，所以化学专业的教学必须体现绿色化学的新内容，以适应时代和社会发展的需要。进行绿色化学的教育是培养具有可持续发展理念和专业素质人才的需要，目前国内外很多大学开设了"绿色化学"课程，有些大学开始招收绿色化学专业硕士和博士研究生。

美国斯克兰顿大学在 1996 年把绿色化学引入环境化学课程中，2000 年把绿色化学作为一门课程单独开设。为使传统的化学课程绿色化，斯克兰顿大学针对传统的化学课程包括普通化学、有机化学、无机化学、生物化学、环境化学、高分子化学、高级有机化学、化学毒理学、工业化学等课程，专门开发了绿色化学教学单元材料，可在这些课程教学中使用，通过在这些课程的教学中增加一个教学单元，使学生受到了绿色化学的教育。因在绿色化学教育方面的业绩，该大学获得了 2001 年度宾夕法尼亚州州长环境优秀奖。

美国俄勒冈大学也是发展绿色化学课程的领导者，1997 年俄勒冈大学把绿色化学原理和实践引入化学课堂教学和实验教学中，尤其在实验教学中做得非常出色。在普通化学实验室，开发了一系列替代传统实验的绿色实验，这些新的实验明显地减少了有毒废物的产生，为学生和教师提供了安全的工作环境。

澳大利亚蒙纳士大学在 2000 年 1 月成立了绿色化学中心，并开始为三年级本科生开设必修课程——可持续化学，分为绿色化学和能源化学两个独立部分。

美国伊利诺伊大学厄巴纳—香槟分校为化学、化学工程、生物化学的高年级学生和研究生开设了绿色化学课程，采用网络教学[1]。

加州大学伯克利分校建成了绿色化学课程群，包括绿色化学、绿色化学实验、绿色设计中工程与健康影响方法、绿色产品设计的伦理与决策、绿色分子设计的毒理学基础、绿色化学与可持续设计研讨课。

中国科技大学于 1998 年率先在国内为学生开设了选修课——绿色化学。四川大学 2003 年设立绿色化学专业博士点，开始了我国绿色化学专业硕士、博士研究生的培养。

三、绿色有机合成实现的途径

绿色化学的目标为有机合成实现"绿色"指明了方向。绿色化学在强调使用更有效和更经济的新技术和新方法生产化学品的同时减少化学危害，一

---

[1] 宁梅. 环境监测实验室空气中汞污染与防治 [J]. 黑龙江环境通报，2014，38（2）：41-44.

般可以通过以下 4 种途径实现这个目标。

(1) 防止形成废物;

(2) 使用较安全的反应物或溶剂;

(3) 执行高选择性和有效性的转化;

(4) 避免不必要的转化。

当找到一个绿色有机合成方法时,首先要分析已有的过程,确定各个物质 (起始物、反应试剂和溶剂) 和产物 (包括产物和任何副产物) 及反应条件 (温度、压力等),然后确定各个物质潜在的危险性并考虑能量输入的方法,最后检验反应或过程的总有效性,以及用来得到最终产物的整个反应顺序。在考虑这些因素的基础上,提出改进的方法或步骤,并检验提出的方法是否有效和减少了危险。在一个新的绿色的方法被找到前,须要反复地进行评估和检验,并对发现的问题做进一步修正和测试。如果不存在传统的有机合成方法,则根据绿色化学的 12 条基本原则,建立新的绿色化学合成方法。

有机化合物被广泛应用于各种反应过程和制备中,其中许多溶剂因为具有挥发性、易燃易爆和毒性,当发生泄漏及意外释放时会对人的健康和环境产生相当大的影响。例如,普遍使用的烃类溶剂一般都具有挥发性和易燃性,因而它们很容易引起火灾,另外它们的挥发性也使其很容易被人偶然地或无意地吸入。又如,一些烃类物质会对人体健康造成较大的伤害,长期暴露会导致很严重的健康问题,并且烃类化合物基本上来自不可更新的化石类燃料资源中,依据产品全寿命周期分析方法,可以明显地判断出在它们生产的过程中已经造成了环境危害。其他不属于绿色溶剂的还有卤代烃、芳烃,前者特别是氯化烃,被发现能导致多种健康问题。而芳烃绝大多数是公认的"三致"化合物。在某种程度上,醇类烷烃还有某些偶极非质子溶剂由于毒性较小,通常是候选的绿色溶剂。

为了代替传统有机反应溶剂,替代的新溶剂一定要符合很多要求。首先,替代溶剂必须能够溶解起始原料和反应物,使它们能够按照要求的方式进行反应。其次,替代溶剂必须是无活性的,不能干扰正常的反应,最后,要考虑选择的替代溶剂将会怎样影响反应速率。在这些基本要求的基础上,再考查替代溶剂的一些环保性质。

(1) 怎样让反应在新的溶剂中有效地进行? 新溶剂加强还是减弱了副反

应及其副产物？

（2）与被替代溶剂相比，新溶剂是无毒的或是毒性减少的？

（3）挥发性（蒸气压大小）如何？会减少挥发或暴露吗？

（4）水溶性如何？如果是水溶性的，它会使分离和纯化过程简化还是复杂了？它会增加循环使用的难度吗？

第四节　环境保护背景下无机化学实验

一、科学设计实验，优化实验项目，减少环境污染，实现实验的"绿色化"

（一）重新设计无机化学实验的教学内容

化学实验要实现"绿色化"目标就必须要改革以往污染较强的传统实验教学内容。在确保学生基本的实验技能可满足正常训练的前提下，对环境污染影响较大的实验内容进行删除或者使用可以替代的药品对原来的实验内容进行更新。如实验中我们用到的饱和硫化氢气体就用硫化钠溶液替代以减少硫化氢气体对环境的影响。另外，在沉淀的多相离子平衡实验内容上我们也要进行修改，把传统上为了显现实验现象的沉淀剂用 Cu^{2+}、Fe^{3+} 和 OH^- 等替换掉，这是因为 Pb 和 Cr 是有毒的重金属。原本为了验证沉淀生成的内容，在 $Pb(NO_3)_2$ 溶液中滴加 KI 溶液现改为在 $Cu(NO_3)_2$ 溶液中滴加 NaOH 溶液；原本为了验证分步沉淀的内容，在 $AgNO_3$ 溶液中逐滴加入 K_2CrO_4 溶液，再逐滴加入 NaCl 溶液，现改为在 $Cu(NO_3)_2$ 溶液中逐滴加入 NaOH 溶液，再逐滴加入 NaS 溶液。为了验证沉淀转化的内容，在含有 Pb^{2+} 和 Ag^+ 的混合溶液中，逐滴加入 K_2CrO_4 溶液，现改为在含有 Cu^{2+} 和 Fe^{3+} 的混合溶液中，逐滴加入 NaOH 溶液，实验效果依然显著，达到了实验目的，也防止了有毒物质的使用和排放，实现了实验内容的"绿色化"处理。

（二）化学实验微型化

微型化学实验是一种新的具有绿色化学理念的实验方法，将传统的化学实验在微型的化学仪器装置中进行，用较少的药品和试剂进行实验以达到应有的实验目的和效果，这不仅节省了实验时间，而且在很大程度上增加了化学实验的安全性，微型化学实验是当今化学实验教学改革中一种极具创新性的变革。

依据这一理念，我们尽量开设小量、半微量的实验内容。实验尽量用点滴板、小试管以及表面皿等器具，点滴化完成实验内容。这样的处理不光减少了试剂药品的使用量，还节约了实验成本，同时减少了废弃物的排放，在一定程度上控制了化学污染的发生。但是，并不是所有实验都适合应用微量化处理的，就像一些颜色变化的实验，溶液的颜色不鲜明时微量化后溶液颜色的细微变化是很难发现的。另外，微型实验教学效果重点在化学试剂用量少以及实验装置的微型化，因此对于学生基本操作、基本技能的训练实验不适合微型化改革。故在教学中，应根据所做实验的内容、目的、实验现象和定量要求等进行调整，将常规实验和微型实验相结合，取长补短，才会收到更好的教学效果。

（三）优化实验方案，实现多个实验联合完成

多个实验联合是指通过合理调整实验教学计划，巧妙地安排实验项目和顺序，将反应之间的相关性最大程度地利用，尽量使前一个反应的产物恰好能成为下一个实验所需的反应原料，以便实现多个实验的有机结合。这也是实现无机化学实验"绿色化"的一个重要手段，它可以减轻对环境的污染，实现保护环境。

比如，我们传统硫酸亚铁铵的制备实验项目现在已被改造成多重目的的大型综合性实验。该实验的原料通常是用机械加工行业产生的废弃物铁屑，经过系列反应后得到有用的摩尔盐晶体，所以从环保角度上来说这属于变废为宝的环保型实验。

从可持续发展的观点看，删除有污染的传统无机化学实验，选择和设计绿色化无机化学实验，将绿色化实验思想融入整个实验环节中，探索无机实验新方法，培养学生的环保意识，是未来化学实验发展的必然趋势。根据绿色化学实验使用化学药品的"5R"理论，即减量（Reduction）、重复使用（Reuse）、回收（Recycling）、再生（Regeneration）、拒用（Rejection）结合现

场具体教学环节，在选择和设计无机实验时可使用这些方法。

（五）推广微型或小型化学实验

微型化学实验是 20 世纪 80 年代在西方学校兴起的一种实验方法，该实验方法是从环境安全和污染预防的角度进行实验，采用尽可能少量的药品，在微型化的实验仪器装置中进行实验。无机化学实验中性质实验一般较多，所用的试剂种类比较繁杂，且性质实验一般是每人一组，实验一般试剂用量较多，因此废气废液排放量较大。如能将这部分实验改为微型实验，则有以下显著优点：①节约经费。微型实验试剂量一般为相应常规实验的 1/10 至 1/1000，用量的减少不仅大幅减少实验经费的开支，而且可以缓解因学生人数增加而造成的经费不足的矛盾。②减少污染。试剂用量的减少直接结果是降低实验废气废液的排放量，减少环境污染。③便于操作。微型实验所需的仪器为微型仪器，携带方便，操作简单，可供学生随堂进行实验，有利于培养提高学生的动手动脑能力、观察分析能力和严谨求实的学习态度。④节约时间，节省能源。微型实验不仅缩短了实验时间（耗时约为常规实验的 40%），还减少了除试剂外的水、电等能源的消耗。微型实验通常适用于一些毒性较大、药品昂贵、耗量大、污染严重、操作复杂的无机化学实验[1]。

对于一些无机中的制备和测定实验，实验实施微型化在不能得到产品或实验效果不明显，可尽量采用小型化实验。如硫酸铜的提纯，氯化钠、硫酸亚铁铵等制备实验，某学校直接将药品用量减半或减为原来的 1/3，而在测定化学反应速率及原电池电动势的实验时，也减小了所用溶液的浓度和剂量，实验结果均表明，实验能够达到同样的效果。

（六）发展封闭式实验

封闭式实验是未来实现无机化学实验绿色化的一种途径。如在制备硫酸亚铁铵实验，用废铁屑为原料是典型的再生利用铁资源、变废为宝的环保型实验，而过去的实验为敞开式，在制备硫酸亚铁过程中废铁屑中的硫、磷等杂质和硫酸反应生成 H_2S、PH_3 等有毒气体，直接排放掉，不仅造成自身

---

① 杨颖群，陈志敏，李薇，等. 高锰酸钾制备实验的绿色化改进 [J]. 湖北第二师范学院学报，2010，27（8）：130–132.

实验室弥漫着强烈的刺激性气体，而且危害师生的身体健康，还不符合现代绿色化学实验的要求。如将吸收废气的原敞开式实验装置改为封闭式实验，铁屑净化中产生的 Na_2CO_3 废液可二次利用当作废气吸收液，这不仅节约了实验试剂，还减少了对环境的污染。而改进后的实验装置由于密闭性好，废气经吸收液后反应转变为无害物质。通过对实验的改进不仅培养了学生勤于思考、善于总结的实验能力，还提高了学生的绿色环保意识。

（七）设计连环式实验

传统化学实验操作中，通常仅关心实验目的，对于实验产物会被直接排放，不仅造成环境污染，而且资源浪费。而在绿色化学原则指导下，通过对无机实验教材中所有实验进行的系统研究，发现无机化学实验中的很多产物可以作为后续实验的原材料，因此我们可以把一些孤立的实验进行首尾相连，组成连环式实验。例如，可将实验剩余稀硫酸与废铁屑进行反应制备硫酸亚铁铵，所得实验产物可用作三草酸合铁的合成原料，而实验制得的三草酸合铁（Ⅲ）酸钾又能作为三草酸合铁（Ⅲ）配阴离子组成及电荷数测定实验的原材料。再如，由孔雀石制备五水硫酸铜，五水硫酸铜可用作五水硫酸铜铁含量的测定实验、五水硫酸铜结晶水的测定和差热分析—硫酸铜制备碘酸铜及溶度积测定的原材料。

按照同样的思路，我们可建立一系列连环式实验，不仅可节约大量的试剂，更重要的是能减少实验废弃物的排放量，降低对环境的污染，实现无机化学实验转向绿色化。

二、采用"绿色化"教学手段

采用多媒体辅助实验教学是近年来学校实施绿色化实验教学的常用手段。多媒体优点主要有：①节约教学成本。学校采用多媒体对学生进行实验教学，一方面能解决学校在传统化学实验中需要消耗大量水资源和药品的问题，另一方面能节约教学投入，缓解学校经费不足的问题。②降低污染。《无机化学实验（下册）》课程中探寻元素化合物的性质实验多，所涉及试剂种类需求多，且实验排放的各种污染物量还大，成分相对复杂，且对环境污染较为严重。如 CO、H_2S、Cl_2 等气体的制备过程，砷、铅、铬等重金属盐的性质实验等，都产生并排放大量有毒、有害物质，对人体健康和生态环境都造成极大的破坏。在选择利用多媒体进行演示时，不仅能避免有毒、有害的试剂对人体和环境造成的危害，还能真正达到"零排放""零污染"的绿色环保理念。③教学效果好。在传统的无机实验教学过程中，教师通常要对实验进行讲解和演示，这样不仅耗时费力，而且重现性较差，学生不容易牢记。利用多媒体技术，可以任意对实验过程进行回放学习，能够让学生更好地观察实验现象，而对易出错或需要注意的地方，教师可通过特写镜头让学生详细观察。高敬群老师通过对计算机模拟实验教学探索证明，计算机模拟实验不仅可以提高学生对实验课的兴趣，还能调动学生学习的积极性和主动性，使学生在短时间内从多层次、多角度地获取信息，使抽象知识变为形象，降低学生学习知识的难度，获得在真实的化学实验中难以企及的教学效果。

教师在教学过程中采用多媒体做演示实验，既明确了自己的教学内容又培养了学生的实验观察能力，特别对于某些毒害较大的化学实验，不仅确保了学生安全，还杜绝了环境污染。

通过多种实验可知，我们想要达到绿色化的无机化学实验，就需在绿色化学教学理念的指引下，对实验全过程进行污染预防控制。要运用有毒实验的删除或改进、开展微型实验、设计综合性实验、采用多媒体辅助实验教学等现代实验技术和教学方法，建立绿色化学实验的新观念、新理念，培养学生的绿色化学意识、环境保护意识和科学创新精神。

三、实验室废弃物的处理

在进行无机化学实验时，通常会产生大量的废弃物，如果不加以处理直接排放，不仅会造成严重环境污染，还不利于提高学生的环保意识，迫使学生养成不良的习惯。因此，教师在日常的实验教学过程中，以身作则，让学生了解实验室废弃物对环境的危害，是实践实验"绿色化"的重要举措。对实验室废弃物的回收利用也是实现无机化学实验"绿色化"的有效手段之一。我们实行串联实验改革，把实验产品进行回收利用，可作为下一个实验项目的原料。这种二次回收利用不但节约药品，减少损耗，还减少实验废弃物的排放量，降低对环境的污染，真正实现无机化学实验的"绿色化"。

　　进行无机化学实验过程中难免会产生一定量的废渣、废液和废气，如果我们不采用合理处理措施而随意排放，将对环境造成很大的影响。因此，教育要指导学生将实验产生的废液、废渣进行分类存放，并定期处理。废气一般采用过柱、水吸收或碱液密封的方法处理。在实验室由于废水数量较大，实验室内设有专门处理废酸和废碱的桶，特别是针对不含有毒害离子的稀酸和稀碱废水，在实验过程中随时收集到对应的桶中，达到一定数量时相互进行中和并使 pH 值达到 $6.5 \sim 8.5$ 后，方可直接排入下水道。对于有毒废液如含砷（III）的废液可先加入 $MgSO_4$，再加入碱调节 pH 值为 11 左右，此时亚砷酸盐与 $Mg(OH)_2$ 一同被沉淀，静置后分离沉淀，清液酸碱中和后可排放；含 $Cr(VI)$ 的废液可用硫酸亚铁—石灰法处理，使 $Cr(VI)$ 转化为 $Cr(III)$ 难溶物除去；含 Pb^{2+} 的废液可用石灰乳做沉淀剂二者反应，使 Pb^{2+} 先生成产物 $Pb(OH)_2$，再吸收空气中的 CO_2 后变为溶解度更小的 $PbCO_3$ 沉淀；含汞的废液先将废液调至碱性，再加入过量的 Na_2S，使汞以 HgS 形式沉淀析出，再分离沉淀，沉淀则提纯后再利用。

　　对于实验室的部分废物不能有效利用的，我们进行集中收集分类处理，最大化降低对环境的污染。现实中由于实验室中的化学药品种类繁多，因此后续处理总是比较困难，采用方法一般是，先对废液用过柱、过滤、酸碱中和等方法处理达标后才排放，另外，实验产生的废酸溶液我们也可回收用作厕所的清洁剂。而在实验内容设计上我们应尽可能地回避或替换有毒的重金属离子，这样含有重金属的废液几乎没有。同时，对于有害的固体废弃物要进行无害化处理并收集在一起，固定周期进行一次深埋处理。总之，对于实验室的废物经过二次回收利用、分类处理等一系列的物理和化学方法后，现有实验室废弃物也就基本实现了"绿色化"处理。

　　实现无机化学实验的"绿色化"改革是新时期教育教学发展的要求，在基础无机化学实验教学中将"绿色化"的理念推行下去，寻找可以降低污染的替代试剂、夯实开展微型化实验内容、优化实验方案、实现多个实验链式完成、多媒体技术手段实现模拟仿真实验开发等方法，可以有效地降低无机化学实验对环境的污染。

第五节　环境保护背景下化学实验室安全分析

　　绝大多数化学品对人体是无毒、无害或低毒的，但还是有些化学品对人体会造成严重伤害。我们将具有易燃、易爆、有毒、有害、有辐射等特性，可以对人员、设施、环境造成伤害或损害的化学品统称为危险化学品。

　　危险化学品对人体的伤害和毒害可以分为燃爆危害、健康危害和环境危害三类。化学品的燃爆危害（物理危害）是指化学品由于燃烧、爆炸产生的风险，所涉及的化学品包括爆炸物、易燃气体、易燃气溶胶、氧化性气体、高压气体、易燃液体、易燃固体、自发反应物质、自燃液体、自燃固体、遇水会放出易燃气体的物质、氧化性液体、氧化性固体、有机氧化物、金属腐蚀剂等。

　　化学品的健康危害是指由于化学品对人体组织和器官造成的损害，包括急性毒性、皮肤刺激或过敏、眼损伤、呼吸刺激或过敏、吸入毒性或窒息、生殖细胞突变、生殖毒性、致癌特异性靶器官毒性等。

　　化学品的环境危害是指化学品的环境污染引起对环境中相关生物的毒害，包括急性水生毒性和慢性水生毒性。化学品对人员、设施和环境可能造成的危害及程度取决于化学品的品种、数量、浓度、环境条件、防护和处理措施。化学品对人员的危害程度与化学品的种类和浓度有关。例如，浓盐酸（36% 的 HCl，约 12mol/L）对人体有毒害作用，接触浓盐酸蒸气或烟雾，可引起急性中毒，眼和皮肤接触可致灼伤，出现结膜炎，鼻及口腔黏膜有烧灼感、鼻衄、齿龈出血、气管炎等，误服可引起消化道灼伤、溃疡形成，还有可能引起胃穿孔、腹膜炎等；但是稀盐酸（10% 的 HCl，约 3mol/L）可做药用，稀释后口服，用于治疗胃酸缺乏症。化学品对人员、设施和环境的危害也和现场的环境条件有关。例如，乙醇作为易燃化学品，在空气中的体积分数达到 4.3%～19.0% 时，遇明火或高热即发生爆炸，因此现场通风，确保附近没有明火，可以有效防止乙醇引起的爆炸。由此可见，实验人员的个人防护和处理措施可以有效隔离或减少化学品对人体的各种危害。

一、化学实验室安全隐患分析

(一) 安全设施投入不足

经过长时间的研究发现，很多实验室在进行科研项目的过程中，过度重视实验的结果而忽视安全设施的建设，这样就会导致安全设施落后以及不足。其中，最主要的几点是：实验室的空间非常小；使用的安全设计落后；环境保护方面的措施不到位；由于资金等方面原因，在建设实验室的过程中对安全设施的经费进行削减，导致安全建设不能得到保证。

(二) 危险化学品管理存在隐患

在进行科研的过程中，由于化学实验室经常会接触到大量的化学药品，这些化学药品大多属于危险化学品。在实验室安全存放危险化学品方面还不够规范，特别是危险化学品的分类以及危险等级等方面的划分，两种甚至是三种以上的化学药品随意摆放，这些都有可能导致药品在存储地就产生化学反应，导致各种危险事故的发生，硝酸盐之类的易燃、易爆危险化学品没有做到单独存放，过期或者是失效化学药品处置不规范等。

(三) 实验的反应条件存在的安全与环保隐患

在进行各种化学实验的过程中，特别是一些较为特殊的化学实验中，有的反应速度快，有的曝光反应，有的需要高温等情况，这些都需要有特殊的安全反应条件，这些条件的要求较为苛刻，稍有不慎就会超出控制范围，为安全以及环保方面带来非常大的危害。

二、加强化学实验室的安全与环保管理建议

(一) 不断优化相关的实验设备和实验环境

实验室安全管理是一项系统的、复杂的工作，是实验室建设和管理的重要组成部分，任何实验事故的结果都可能造成人身的伤害和财产的损失，都会影响正常的教学和科研工作。实验室的重要功能是探索未知，这一特性

决定了实验室工作具有挑战性和潜在的危险性①。安全是永恒的主题，安全管理的指导思想需要不断更新，以满足新形势下实验室安全工作的需求。

实验室的安全工作，要从总体出发，把安全管理延伸到实验室的基础建设设施、电气设计、排水排污、危险品规范管理、对实验室安全设计、安全论证等方面，对实验室潜在的危险进行客观的评定，加强全员安全教育，以预防事故为中心，根据实验室自身安全特点，建立有专业特色的实验室安全管理制度和安全防护措施，实验室在运行过程中可能发生事故的原因主要为不安全环境和不安全行为。不安全环境是指仪器设备、配套设施等硬件处于不安全状态。对于安全环境因素，要求在实验室设计、仪器布局、水电气线路、危险品保管、消防设施等方面按规范进行设计，设定实验室安全级别。经常性地对安全防护用具进行检查，保养是非常重要的，良好的实验室工作环境，不仅使工作舒心，而且有利于保证实验室的安全。

(二) 实验的工作区和办公休息区应隔开设置

在新建实验室的建设过程中，对各类安全设施要进行规范化配置，确保其防护、疏散以及安全方面都能够按照规范的要求进行布置，危险化学品的存放方面要尽可能地避免阳光直射或者是靠近暖气，同时要确保有良好的通风，不宜距离实验室较近，也不能设置在地下室。在配备电气设备的过程中，要对周围可挥发、易燃、易爆的化学药品进行深入考量，配备可燃气体的测报仪器，并且与通风设备相互联锁，一旦超出范围，及时作出反应。需要使用纯氧等气瓶时，要设置专门的气瓶柜或者是防倒链，有效保护气瓶出现倾倒的问题，设置的位置一般是在通风环境较好又能避雨的安全区域。实验过程中产生的尾气或者是废气，要经过专门的过滤设备进行处理后方能排放。在实验室内部要设置用于应急洗眼的器具。在实验室较为显眼的位置设置应急处理箱或者是应急包，方便工作人员使用。

(三) 规范实验室化学废弃物的处理

在化学实验的过程中，有可能会使用含有剧毒或者是放射性的物质，

---

① 陈森阳. 环境监测实验室对环境的污染及防控建议 [J]. 企业技术开发，2016，35 (7): 54-55.

这些物质不能够随意排放或者丢弃，这样会对周围环境造成非常严重的影响，甚至会造成污染事故的发生。化学实验室的环境关系到周围生活民众的身心健康，所以对于废弃物质一定要尽心妥善地处理，确保环境不会受到污染。建议在化学实验室日常管理中，设置安全环保管理小组，对工作人员时常进行安全方面的管理教育以及宣传。确保在实验室的工作过程中，同样能够满足实验要求的前提下，使用较为环保或者是弱酸碱等低腐蚀性化学药品，若必须使用强烈腐蚀或者是有毒物质时，要采取必要的吸收措施，禁止随意排放。实验室要配备相应的废液储存设备，对于有环境污染的化学废液要进行相应处理或者是稀释，只有按照规范达到排放标准的废液才能够进行排放。

（四）建立化学实验室安全应急机制

在安全应急机制方面，实验室要根据各种易发的紧急事件制订应急预案，对工作人员进行教育的过程中，要进行紧急预案的演练，强化信息等方面的及时沟通，一旦出现紧急事件能够采取最有效的处置措施。当然，实验室的安全管理主要以预防为主，也就是为了能够营造更好的实验室环境，要防患于未然。对实验室的工作人员要编制相应的实验室管理手册，并且不定时地印发实验室安全宣传单，提高工作人员的安全意识，强化工作人员的安全观念。

（五）全面落实安全责任制

在实验室的安全管理体系中，只有不断地完善管理措施，才能够确保实验室"安全第一，预防为主"原则的实现，对实验室的安全防范方面要制定必要的措施，必要时要落实安全责任制，提高员工的安全积极性。对于库房存放的化学药品要定时进行检查，做到实验室以及库房的安全检查常态化。在检查的过程中，着重对供电系统。安全消防系统以及危险化学品的使用管理方面进行检查，及时对其中存在的问题进行排除。实验室领导与员工要实现分工负责制，从而将安全管理落实到每个实验室的岗位上。

总而言之，在化学实验室中，只有认真做好日常的安全管理，配备完善的实验室安全设施，才能确保实验室的安全。同时，在环境保护方面，要及时对实验室的排放物情况进行检查，确保做到无毒化排放，为加强实验室的安全防护以及环境保护提供最强有力的保障。

参考文献

[1] 万平，周贤爵.微型化学实验 [M].北京：中国石化出版社，2009：15-21.

[2] 黄璨.新课程实施指导用书：化学新课程中微型实验探究活动的设计 [M].北京：化学工业出版社，2004：23-27.

[3] 沈戮.高中化学微型实验 [M].广州：暨南大学出版社，2014：32-39.

[4] 于涛.微型无机化学实验 [M].北京：北京理工大学出版社，2011：6-15.

[5] 孟长功.基础化学实验 [M].北京：高等教育出版社，2009：17-24.

[6] 沈玉龙，魏利滨.绿色化学 [M].北京：中国环境科学出版社，2004：28-33.

[7] 范杰.化学实验论 [M].太原：山西科学技术出版社，2001：41-47.

[8] 龙盛京.有机化学实验 [M].北京：高等教育出版社，2002：15-25.

[9] 古风才，肖衍繁.基础化学实验教程 [M].2 版.北京：北京科学技术出版社，2005：31-38.

[10]周宁怀，宋学梓.微型化学实验 [M].杭州：浙江科学技术出版社，1992：17-23.

[11]大连理工大学无机化学教研室.无机化学实验 [M].北京：高等教育出版社，2007：31-37.

[12]Anastas P T, Warner J C.Green Chemistry: Theory and Practice[M]. New York: Oxford University Press, 1998: 11-19.

[13]石俊昌，许维波，关春华，等.无机化学实验 [M].2 版.北京：高等教育出版社，2004：45-49.

[14]高华寿，陈恒武，罗崇建.分析化学实验 [M].3 版.北京：高等教

育出版社, 2002: 11-17.

[15]高占先.有机化学实验[M].4版.北京:高等教育出版社,1980:38-40.

[16]巴哈提古丽,陈慧英,李转秀.绿色化无机化学实验教学探索[J].中央民族大学学报,2010,19(3):86-89.

[17]李红喜,郎建平.无机化学实验教学改革的探索与实践[J].苏州大学学报,2011,27(4):92-94.

[18]陈建平,黄月琴.浅谈淮南师范学院无机化学实验教学的绿色化[J].淮南师范学院学报,2011,13(3):90-91.

[19]张秀梅.基于绿色化学理念的无机化学实验教学的设计与研究[J].广州化工,2012,40(21):186-187.

[20]杨颖群,陈志敏,李薇,等.高锰酸钾制备实验的绿色化改进[J].湖北第二师范学院学报,2010,27(8):130-132.

[21]唐文华,蒋天智.绿色化学教育与高师无机化学实验教学[J].黔东南民族师范高等专科学校学报,2005,23(3):23-24.

[22]胡彩玲,唐新军.绿色化学理念在无机化学实验教学中的渗透[J].广州化工,2014,42(22):225-226.

[23]杨天林,杨文远,倪刚.改革实验教学,走绿色化学之路——以无机化学实验教学为例[J].实验技术与管理,2012,29(4):17-20.

[24]王文云,徐绍芳,周锦兰,等.绿色化无机化学实验的应用与推广[J].实验室科学,2009(6):165-167.

[25]王海文,殷馨.浅谈绿色化学在无机化学实验教学中的应用[J].实验科学与技术,2013,11(4):180-182.

[26]杜锦屏,芦雷鸣,吴云骥,等.浅谈无机化学实验的绿色化[J].化工时刊,2011,25(1):64-65.

[27]张桂珍,张燕明.绿色化学在无机化学教学中的融入与实践[J].高等职业教育天津职业大学学报,2006,15(6):29-31.

[28]杨莉,张萍.绿色化学与无机化学教学[J].达县师范高等专科学校学报,2002,12(2):75-76.

[29]李华侃,汪敏,柳越.绿色化学在无机化学教学中的渗透[J].数理

医学杂志, 2004, 17 (4): 382-383.

[30] 徐飞, 李生英, 王永红, 等. 无机化学实验教学中渗透绿色化学的探讨 [J]. 甘肃科技, 2006, 22 (7): 216-217.

[31] 徐飞, 李生英, 汪森, 等. 无机化学实验绿色化设计与探索 [J]. 甘肃高师学报, 2012, 17 (2): 86-87.

[32] 宁梅. 环境监测实验室空气中汞污染与防治 [J]. 黑龙江环境通报, 2014, 38 (2): 41-44.

[33] 郑逆. 环境监测实验室常见污染及控制措施 [J]. 四川环境, 2010, 29 (1): 29-31.

[34] 陈森阳. 环境监测实验室对环境的污染及防控建议 [J]. 企业技术开发, 2016, 35 (7): 54-55.

[35] 杨宏军. 学校实验技能型人才培养模式的探索研究 [J]. 教育教学论坛, 2015, 10 (36): 112-113.

[36] 张洪奎, 朱亚先, 夏海平. 构建实验课程体系, 培养合格化学人才 [J]. 实验技术与管理, 2012, 29 (1): 7-10.

[37] 赵春青, 姜咏芳, 刘玉升, 等. 加强实践教学资源建设, 提高学生综合实践能力 [J]. 实验技术与管理, 2011, 28 (11): 161-163.

[38] 童红兵, 武时龙, 张秀平, 等. 高职学生自主探究性学习存在的问题与对策 [J]. 宿州学院学报, 2010, 25 (2): 100-102.

[39] 黎红梅, 刘静, 王险峰. 大一基础化学实验教学实践与总结 [J]. 大学化学, 2011, 26 (5): 39.

[40] 忻新泉, 姚天扬, 王志林. 面向 21 世纪的化学专业课程结构改革 [J]. 大学化学, 1999, 14 (2): 20-21.

[41] 宋继梅, 胡刚, 李胜利. 优化课程体系培养创新人才 [J]. 大学化学, 2009, 24 (5): 42-45.

[42] 黄道凤, 李怀健, 朱玉华. 提高实验教学质量的措施 [J]. 实验室研究与探索, 2010, 29 (2): 120-123.

[43] 吴传保, 刘利江, 曾湘晖, 等. 化学实验教学中创新能力培养的新思考 [J]. 实验室研究与探索, 2009, 28 (7): 5-7.

[44] 宋国利, 盖功琪, 苏冬妹. 开放式实验教学模式的研究与实践 [J].

实验室研究与探索，2010，29（2）：91-94.

[45]申湘忠.浅谈基础化学实验的选题 [J].大学化学，2009，24（2）：10-13.

[46]董德民.创新应用型实验教学体系的构建 [J].实验室研究与探索，2007，26（8）：113-115.

[47]于兵川，吴洪特，童金强.科研成果转化为实验项目初探 [J].实验室研究与探索，2009，28（1）：133-135.

[48]梁起，黄华珍，唐建锋，等.绿色化学实验的探索 [J].实验技术与管理，2004，21（1）：109-111.

[49]李五一，滕向荣.强化学校实验室安全与环保管理建设教学科研保障体系 [J].实验技术与管理，2007，24（9）：1-4.

[50]马莉，冉鸣.绿色化学与化学教育 [J].成都教育学院学报，2005，19（6）：50-51.

[51]李景红，尹汉东，王术皓，等.基于绿色化学的实验教学体系的构建与实践 [J].聊城大学学报：自然科学版，2009，22（4）：100-104.

[52]洪丽雅.学校绿色化学实验室的建设 [J].实验室研究与探索，2008，27（7）：161-164.

[53]蔡建岩.浅谈绿色化学 [J].长春大学学报，2002，12（1）：30-32.

[54]周立亚，龚福忠，王凡，等.创建绿色化学实验室的探讨 [J].实验技术与管理，2010，27（6）：174-176.

[55]贾欣欣.基础化学实验课微型化改革的探讨 [J].广州化工，2010，38（10）：237-238.

[56]李琼芳.测定胆矾中铜含量的微型实验研究 [J].内蒙古民族大学学报，2009，15（4）：118-120.

[57]黄宏生，鲁绪会，代纪林.新升本科院校化学实验教学调查与研究 [J].广州化工，2011，39（16）：178-179.

[58]王琴.微型化学实验的探讨 [J].甘肃科技，2010，26（4）：193-194.

[59]北京师范大学无机化学教研室.无机化学实验 [M].3 版.北京：高等教育出版社，2007.

[60]朱辉，张庆云，郝鹤，等.加强化学实验改革提高教学效果 [J].现

代医药卫，2007，23（8）：1260-1261.

[61]刘琴.开放式实验教学研究现状及展望 [J].实验科学与技术，2010，8（4）：81-82.

[62]曹铁平.高师院校微型化学实验改革与创新研究 [J].白城师范学院学报，2009，23（3）：86-88.

[63]童吉灶，王典伦.改革无机实验教学，注重学生实验能力培养 [J].上饶师专学报，1994，14（6）：88-91.

[64]周金池，王美娟.研究生仪器分析实验课程改革思路初探 [J].实验室研究与探索，2011，30（6）：138-141.

[65]周贤亚，聂丽.无机化学实验项目改进创新——以"碳酸钠的制备"为例 [J].化学教育，2014，35（14）：37-38.

[66]陈新丽，林碧霞，刘聪，等.学校无机化学实验室管理初探 [J].广东化工，2013，2（40）：137-138.

[67]徐宁，牟建明，王玫，等.化工专业精品实验项目内涵设计的实践与思考 [J].实验技术与管理，2009，26（3）：25-26.

[68]王峰，黄薇，朱洪龙，等.无机化学实验教学中设计性实验的开设模式探索 [J].教学研究，2015，38（3）：94-97.

[69]吴汉福，田玲，李志，等.基于科研项目开发的仪器分析综合性实验 [J].实验技术与管理，2015，32（10）：175-177.

[70]胡锴，刘欲文，陶海燕，等.开设无机化学研究性实验的实践和总结 [J].大学化学，2014，29（5）：10-14.

[71]海华，赵玉清，李光浩，等.无机与分析化学精品实验项目的建设 [J] 大连民族学院学报，2012，14（1）：89-91.

[72]马楠，杨宇辉，于辉等.在综合能力培养前提下的有机化学实验项目创新 [J].实验室科学，2014，17（3）：48-50.